Lecture Notes in Mathematics

A collection of informal reports and seminars

Edited by A. Dold, Heidelberg and B. Eckmann, Zürich

205

Séminaire Pierre Lelong (Analyse) Année 1970

Institut Henri Poincaré, Paris/France

Springer-Verlag

Berlin · Heidelberg · New York

AMS Subject Classifications (1970): 32A25, 32C15, 32C35, 32H99, 32K05, 32K99, 58Bxx

ISBN 3-540-05505-3 Springer-Verlag Berlin · Heidelberg · New York
ISBN 0-387-05505-3 Springer-Verlag New York · Heidelberg · Berlin

Offsetdruck: Julius Beltz, Hemsbach/Bergstr.

A V A N T - P R O P O S

Les 17 exposés qui paraissent dans ce Séminaire ont été faits soit à Paris au Séminaire d'Analyse, soit dans un Séminaire qui a été tenu en annexe au Congrès International des Mathématiciens de Nice, en Septembre 1970.

La plupart des exposés présentés ici apportent des résultats originaux. Le sujet du Séminaire a été comme les années précédentes le développement de l'Analyse complexe (fonctions analytiques, fonctions plurisousharmoniques). Quelques exposés portent sur des problèmes relatifs aux fonctions analytiques de plusieurs variables complexes en dimension finie et notamment la recherche d'une bonne formulation de la théorie des résidus. Un plus grand nombre, cette année, porte sur l'Analyse complexe en dimension infinie, dans les espaces vectoriels topologiques.
La mise au point de certains exposés a fait que le Séminaire de cette année paraît plus tard que d'habitude.

Nous remercions la librairie SPRINGER d'accueillir ces exposés dans ses "Lecture Notes" qui permettent une publication rapide pour le plus grand bénéfice de tous les chercheurs.

Pierre L E L O N G
Mars 1 9 7 1

T A B L E   D E S   M A T I È R E S

L'exposé N° 5 de SHIH (Weishu) n'a pas été rédigé et ne sera pas multigraphié.

L'exposé N° 8 de GOLDSCHMIDT (H.) "Points singuliers des opérateurs différentiels analytiques" est paru aux "Inventiones mathematicae", vol. 9, p. 165-174, 1970 et n'est donc pas multigraphié.

Séminaire P.LELONG
(Analyse)
10e année, 1969/70

3 Décembre 1969

INTRODUCTION A LA THÉORIE DES RÉSIDUS

par J.-M. K A N T O R

La théorie des résidus en plusieurs variables complexes, élaborée par J.LERAY et Fr.NORGUET (cf. Bibliographie) se présente comme la description de morphismes définis par l'existence de suites exactes d'homologie ou de cohomologie sur une variété analytique complexe.

Nous examinerons d'abord la situation formelle en cohomologie, puis certaines réalisations obtenues par le choix des résolutions du faisceau constant $\mathbb{C}$ sur une variété analytique complexe V. Des travaux récents (DOLBEAULT, GRIFFITHS, SHIH WEISHU) font l'objet d'autres exposés de ce Séminaire.

Nous admettons les résultats de topologie algébrique contenus dans [1] , [7] ; nous reprenons les notations classiques pour l'homologie et la cohomologie.

I. - La suite exacte de cohomologie relative

Soit $\mathcal{F}$ un faisceau de groupes sur un espace topologique X, et soit Y un sous-ensemble fermé de X.

On considère la suite exacte de cohomologie relative à Y , à supports quelconques :

$$(\mathrm{I})\quad 0 \longrightarrow \Gamma_Y(X,\mathcal{F}) \rightarrow \Gamma(X,\mathcal{F}) \longrightarrow \Gamma(X-Y,\mathcal{F}) \xrightarrow{\partial} H^1_Y(X,\mathcal{F}) \longrightarrow \dots$$
$$\dots \longrightarrow H^p_Y(X,\mathcal{F}) \longrightarrow H^p(X,\mathcal{F}) \longrightarrow H^p(X-Y,\mathcal{F}) \longrightarrow H^{p+1}_Y(X,\mathcal{F}) \rightarrow \dots$$

ou la suite analogue (I_c) pour des supports compacts.

Exemple 1. - Les hyperfonctions de SATO [5] .

On suppose que Y est une variété analytique réelle, dont X est une complexifiée (localement unique à un isomorphisme près). $\mathcal{F}$ est le faisceau structural $\mathcal{O}$ de X (ou plus généralement, un faisceau cohérent de $\mathcal{O}$-modules). Alors :

Théorème et définition

Si Y est de dimension n, les groupes $H^i_Y(X, \mathcal{O})$ sont nuls pour $i \neq n$. Le groupe $H^n_Y(X, \mathcal{O})$, indépendant de X (à un isomorphisme près), est le groupe des sections sur Y d'un faisceau flasque $\mathcal{B}$. $\mathcal{B}$ s'appelle le faisceau des hyperfonctions de SATO sur Y. Pour tout ouvert U de Y,

$$\Gamma(U, \mathcal{B}) = H^n_U(X, \Theta) .$$

Le groupe des sections sur Y de $\mathcal{B}$, à support dans un compact K, s'identifie de manière naturelle au dual topologique de l'espace $\mathcal{O}(K)$ muni de sa topologie d'espace du type $\mathcal{DFS}$.

(cf. les exposés de F.NORGUET et P.SCHAPIRA dans ce volume)

Le second exemple d'application de (I) est la théorie de LERAY-NORGUET :

II. - Le morphisme résidu

Généralisant la situation classique de la formule des résidus de Cauchy, on suppose désormais que X est une variété analytique complexe V, Y une sous-variété analytique complexe W de V, $\mathcal{F}$ le faisceau constant $\underline{\mathbb{C}}$.

On définit un morphisme R entre les espaces de cohomologie de V - W et W :

$$R : H^*(V - W , \underline{\mathbb{C}}) \longrightarrow H^*(W, \underline{\mathbb{C}})$$

soit directement (LERAY), soit par l'intermédiaire de (I) ou (I_c) , et d'un morphisme

$$S : H^*_W(V, \underline{\mathbb{C}}) \longrightarrow H^*(W, \underline{\mathbb{C}}) .$$

On notera par exemple $H^*(V)$ la cohomologie complexe de V .

1. - Définition par dualité [5ii)]

Supposons que W soit de codimension k. De la suite exacte (I_c) on déduit, par l'isomorphisme de Poincaré, la suite exacte d'homologie à supports compacts :

$$(II_c) \quad \ldots \longrightarrow H^c_{q+1}(V) \longrightarrow H^c_{q-2k+1}(W) \xrightarrow{\delta} H^c_q(V-W) \longrightarrow H^c_q(V) \longrightarrow \ldots$$

et par transposition, d'après la dualité entre l'homologie à supports compacts et la cohomologie, la suite exacte

$$(III) \ldots \longrightarrow H^q(V) \longrightarrow H^q(V-W) \xrightarrow{r} H^{q-2k+1}(W) \longrightarrow H^{q+1}(V) \longrightarrow \ldots.$$

Définition 1.

r s'appelle le morphisme résidu.

δ s'appelle le morphisme bord.

La formule de dualité entre r et δ est nommée "formule des résidus".

La cohomologie du faisceau constant $\underline{\mathbb{C}}$ peut être calculée soit d'après la résolution de $\underline{\mathbb{C}}$ par les formes différentielles $\mathcal{E}^\infty$ (théorème de de RHAM), soit grâce au faisceau des formes holomorphes (théorème de DOLBEAULT).

Dans les deux cas, on montre que pour calculer la cohomologie du complémentaire de W, il suffit de considérer dans V - W des formes ayant près de W des pôles d'ordre fini.

2. - Cas d'une sous-variété de codimension un (LERAY)

W est supposé de codimension un.

THÉORÈME 1.

Soit ω une forme $\mathcal{C}^\infty$ sur V - W, ayant un pôle d'ordre un le long de W, et fermée.

ω peut s'écrire au voisinage d'un point où W est définie par une fonction f

$$\omega = \frac{df}{f} \wedge \varphi + \psi$$

où φ et ψ sont deux formes $\mathcal{C}^\infty$ sur V. La restriction de φ à W ne dépend que de ω, et est fermée. De plus si ω est holomorphe, $\varphi|_W$ est holomorphe.

On pose

$$\text{rés}(\omega) = \varphi|_W$$

La démonstration utilise le lemme élémentaire suivant :

LEMME.

Si θ est une forme $\mathcal{C}^\infty$ sur un ouvert U de V, et f une fonction de gradient non nul sur U, pour que

$$df \wedge \theta = 0$$

il faut et il suffit que θ s'écrive

$$\theta = df \wedge \theta_1 ,$$

où θ_1 est une forme $\mathcal{C}^\infty$.

Remarquons que ce lemme est encore vrai au voisinage d'un point singulier quadratique de f.

Démontrons alors le théorème 1 : la forme

$$\theta = f\omega$$

est $\mathcal{C}^\infty$ sur l'ouvert U de V considéré, donc $d\theta$ est $\mathcal{C}^\infty$, et de plus

$$d\theta = df \wedge \omega \text{ dans } U - W$$

donc

$$df \wedge d\theta = 0$$

dans V - W, et donc aussi dans V.

D'après le lemme , $d\theta$ peut s'écrire localement, donc aussi globalement

$$d\theta = df \wedge \alpha.$$

On a

$$df \wedge f(\omega - \alpha) = 0$$

où $f(\omega - \alpha)$ est $\mathcal{C}^\infty$ dans U, donc

$$f(\omega - \alpha) = df \wedge \varphi .$$

φ et α ont les propriétés requises par le théorème.

On définit ensuite par récurrence une forme rés(ω) associée à une forme $\mathcal{C}^\infty$ sur V - W ayant un pôle d'ordre fini le long de W.

<u>Définition du morphisme</u> δ :

Soit T un voisinage tubulaire fermé de W ,

$\mu : T \longrightarrow W$

une rétraction de T sur W.

Pour tout simplexe σ de W, on pose

$\delta(\sigma) = \partial D \otimes \sigma$ (produit orienté de σ avec le bord du disque unité).

Alors :

<u>THÉORÈME 2. - On a la formule des résidus</u>

$$\int_{\delta(\sigma)} \varphi = 2i\pi \int_\sigma \text{Rés}$$

<u>Démonstration.</u> Il suffit de considérer le cas où W est définie par l'annulation de la première coordonnée, z_1.

Alors

$$\int_{\delta(\sigma)} \varphi = \int_{\delta(\sigma)} \left(\frac{dx_1}{x_1} \wedge \text{rés}\,\varphi + \theta\right) = \int_{\delta(\sigma)} \frac{dx_1}{x_1} \wedge \text{rés}\,\varphi$$

puisqu'on peut choisir pour représentant de la classe d'homologie $\delta(\sigma)$ un simplexe associé à un voisinage tubulaire arbitrairement petit ; La contribution de la forme $\mathcal{C}^\infty$ sur V (ou localement) est alors négligeable. Donc :

$$\int_{\delta(\sigma)} \varphi = \oint_{\partial D} \frac{dx_1}{x_1} \int_{\sigma} \text{rés}\, \varphi = 2i\pi \int_{\sigma} \text{rés}\, \varphi .$$

THÉORÈME 3.

On suppose W définie par l'équation globale $s = 0$.

Soit φ une forme différentielle $\mathcal{C}^\infty$ sur W.

Il existe une forme différentielle ω, $\mathcal{C}^\infty$ sur V - W ,et des formes différentielles $\mathcal{C}^\infty$ ψ et θ sur V, telles que

$$\omega = \frac{ds}{s} \cap \psi + \theta$$
$$\psi|_W = \varphi$$
$d\psi = 0$ dans un voisinage de W, si φ est fermée.

Démonstration: on "tronque" l'image $\mu_*(\varphi)$ de φ par la rétraction μ .

On démontre alors, en utilisant les théorèmes 2 et 3, la

PROPOSITION 1 [4i] .

Toute forme fermée sur V - W est cohomologue à une forme ayant un pôle d'ordre 1.

Il résulte de la proposition 1 la définition du morphisme "rés" pour toute classe de cohomologie.

Remarquons que de la proposition 1 on déduit que tout courant fermé est cohomologue à un courant prolongeable (il suffit de régulariser et d'utiliser le fait que 1/s est localement sommable).

Plus généralement, W étant de codimension quelconque :

Définition 2.

On appelle forme simple sur V - W une forme φ $\mathcal{C}^\infty$ sur V - W telle qu'au voisinage de tout point x de V, φ puisse s'écrire

$$\varphi = K \wedge \psi + \theta$$

où ψ et θ sont de classe $\mathcal{C}^\infty$ dans V, et où K désigne un noyau (de MARTINELLI) associé à W au voisinage de x :

$$K = \Big(\sum_{1 \leq j \leq k} s_j \bar{s}_j\Big)^{-k} \bigwedge_{1 \leq j \leq k} ds_j \wedge \sum_{1 \leq h \leq k} (-1)^{h-1}\, \bar{s}_h \bigwedge_{\substack{1 \leq j \leq k \\ j \neq h}} d\bar{s}_j$$

S étant défini au voisinage de x par les fonctions $(s_j)_{j=1,\ldots,k}$.

On démontre alors le

THÉORÈME [5iii].

Toute forme différentielle fermée $\mathcal{C}^\infty$ dans V - W est cohomologue dans V - W à une forme différentielle fermée simple sur V - W .

III . - Calcul de la cohomologie et du résidu par les formes holomorphes

Soit V une variété de STEIN, W une sous-variété analytique. On considère la résolution sur V - W du faisceau $\underline{\mathbb{C}}$ par les formes holomorphes.

Soit $\mathcal{H}^q_r(V, W)$ l'espace vectoriel des formes de degré q, holomorphes ayant le long de W un pôle d'ordre r + 1 au plus, et soit

$$\mathcal{H}^q_*(V, W) = \bigcup_{r \geq 0} \mathcal{H}^q_r(V, W)$$

$$\mathcal{Z}^q_*(V, W) = \left\{ \omega \in \mathcal{H}^q_*(V, W) \; ; \; d\omega = 0 \right\}$$

$$\mathcal{B}^q_*(V, W) = d\mathcal{H}^{q-1}_*(V, W).$$

THÉORÈME 4 [3]

Si V est une variété de STEIN, et W une sous-variété de codimension un,

$$H^q(V - W, \mathbb{C}) = \frac{\mathcal{Z}^q_*(V, W)}{\mathcal{B}^q_*(V, W)}$$

Montrons que le théorème permet de définir le morphisme résidu. Soit W définie globalement par une fonction f .

Soit T^m la puissance m-ième alternée du fibré tangent de W, T'^m la restriction à W de la puissance m-ième alternée du fibré tangent de V.

D'après le théorème B sur la variété de STEIN W, chaque suite exacte de fibrés vectoriels holomorphes se scinde. En particulier

$$T'^n \simeq T^{n-1} \oplus T^n$$

où la projection

$$T'^m \longrightarrow T^m$$

est la restriction, transposée de l'inclusion de W dans V .

De plus on a la surjection

$$(df\wedge) \ : \ T'^n \longrightarrow T'^{n+1}$$

de noyau T^{n-1}. D'où, par composition avec l'injection

$$T^n \longrightarrow T'^n$$

un isomorphisme

$$T^n \simeq T'^{n+1}$$

Soit

$$r : H^\circ(T'^{n+1}) \longrightarrow H^\circ(T^n)$$

l'isomorphisme induit sur les sections globables des deux fibrés. Soit

$$F \ : \ \mathcal{H}_{o}^{q}(V, W) \longrightarrow \mathcal{H}^{q}(V)$$

l'isomorphisme défini par la multiplication par f ; enfin soit

$$\rho : \mathcal{H}^{q}(V) \longrightarrow \mathcal{H}^{o}(T'^{q})$$

l'application surjective de restriction.

Définition (BRIESKORN).

Le morphisme-résidu peut être défini par

$$\text{rés} = r \circ \rho \circ F .$$

On peut encore le prolonger, d'après le théorème 4, en un morphisme entre les classes de cohomologie (on le prolonge d'abord de manière naturelle sur les formes ayant des pôles d'ordre fini).

On vérifie que les définitions données par l'une ou l'autre des résolutions sont équivalentes.

BIBLIOGRAPHIE

[1] - BREDON (G.-E.). - Sheaf theory (Mc-Graw Hill, 1967).

[2] - DOLBEAULT (P.). - Résidus et courants (Questions on algebraic varieties. C.I.M.E., Varenna, 1969).

[3] - GROTHENDIECK (A.). - On the de RHAM cohomology of algebraic varieties (Publication de l'Institut des Hautes Etudes Scientifiques, n° 29, p. 95-103, 1966).

[4] - LERAY (J.). -

i) Le calcul différentiel et intégral sur une variété analytique complexe (Problème de Cauchy , III)

(Bull.Soc.Math.Fr., t. 87, p. 81-180, 1959).

ii) Résidus en plusieurs variables complexes

(Conférences à l'Ecole Normale, 1966)

[5] - NORGUET (Fr.). -

i) Dérivées partielles et résidus des formes différentielles sur une variété analytique complexe (Séminaire P.LELONG, n° 10, 1958-59).

ii) Sur la théorie des résidus (C.R. Acad.Sc., t. 248, p. 2057-59,1959).

iii) Sur la cohomologie des variétés analytiques complexes et sur le calcul des résidus (C.R.Acad.Sc., t. 258, 1964).

[6] - SATO . - Theory of hyperfunctions I et II. J.Fac.Sc.Univ. Tokyo, t. 8, p. 139-193 et 387-437, 1959-1960.

[7] - SPANIER . - Algebraic topology (Mc-Graw Hill, 1966).

Séminaire P.LELONG
(Analyse)
10e année, 1969/70 10 Décembre 1969

DIVERSES NOTIONS D'OUVERTS D'ANALYTICITÉ EN DIMENSION INFINIE

par André HIRSCHOWITZ

I. INTRODUCTION

Pour un ouvert de $\mathbb{C}^n$, toutes les notions de convexité par rapport aux fonctions analytiques et aux fonctions plurisousharmoniques (p.s.h.) coïncident. En dimension infinie, un théorème analogue se fait attendre depuis plus de dix ans [1]. De plus, alors qu'il est facile de voir que les diverses définitions d'ouvert pseudoconvexe coïncident, la situation est plus compliquée en ce qui concerne les ouverts "convexes" par rapport aux fonctions analytiques.
Les notions voisines prolifèrent sans désemparer dès qu'on prend le soin de distinguer les bornés et les compacts, les fonctions et les applications analytiques. Notre intention est de voir ce qui peut distinguer quelques unes de ces notions. Au passage, nous jetterons un coup d'oeil sur ce qu'il advient dans le cas réel.

II. DÉFINITIONS

Soit E un e.l.c. complexe, f une fonction (à valeurs complexes) définie dans un ouvert Ω de E . Nous dirons que f est G-analytique si sa restriction aux droites complexes est analytique. Nous dirons que f est analytique si elle est G-analytique et localement bornée. Ceci implique qu'au voisinage de chaque point, elle admet un développement en série de polynômes continus, la série convergeant uniformément dans une semi-boule ouverte.

Nous dirons qu'une application de Ω dans un espace de Banach B est analytique si elle est localement bornée et si ses composées avec les formes linéaires continues sur B sont analytiques.

Dans le cas réel, nous réserverons le nom d'applications analytiques aux applications qui sont localement restrictions d'applications analytiques définies et à valeurs dans les complexifiés.

Voyons maintenant les propriétés que l'ouvert Ω est susceptible de vérifier (aussi bien dans le cas réel que dans le cas complexe pour les trois premières).

H_1 (resp. H_1') : Ω est le domaine d'existence d'une fonction (resp. application) analytique.

H_2 (resp. H_2') : Pour tout point x de la frontière de Ω, il existe une fonction (resp. application) analytique qui ne se prolonge pas au voisinage de x.

H_3 (resp. H_3') : Il n'existe aucun ouvert $\tilde{\Omega}$ (étalé au-dessus de E éventuellement) auquel toutes les fonctions (resp. applications) analytiques définies dans Ω se prolongent.

H_4 (resp. H_4') : Ω est convexe par rapport aux fonctions (resp. applications) analytiques.

H_5 : Ω est localement pseudoconvexe c'est-à-dire que l'intersection de Ω avec les sous-variétés affines de dimension finie est pseudoconvexe.

Il est clair que

$$\begin{array}{ccccccccc} H_1 & \Longrightarrow & H_2 & \Longrightarrow & H_3 & \Longrightarrow & H_4 & \Longrightarrow & H_5 \\ \Downarrow & & \Downarrow & & \Downarrow & & \Updownarrow & & \\ H_1' & \Longrightarrow & H_2' & \Longrightarrow & H_3' & \Longrightarrow & H_4' & & \end{array} \qquad (I)$$

au moins dans les espaces de Fréchet.

III. FONCTIONS ANALYTIQUES SUR UN PRODUIT D'E. L. C. COMPLEXES

Soit E_i $i \in I$ une famille d'e. l. c. complexes.

PROPOSITION 1.- Tout germe de fonction analytique sur $\prod_{i \in I} E_i$ se factorise à travers la projection Π_J sur $\prod_{i \in J} E_i$, où J est une partie finie de I (cf. [3], [6]).

<u>Démonstration</u> : Vu la forme des ouverts élémentaires, c'est une conséquence immédiate du théorème de Liouville. De plus, il est facile de constater que, si f est une fonction analytique dans un ouvert et si J_x désigne la plus petite partie de I avérant la proposition 1 en x, J_x est localement constant. On peut donc énoncer la

<u>PROPOSITION 2</u>.- Si Ω vérifie H_1, alors $\Omega = \Pi_J^{-1}(\Pi_J(\Omega))$.

On peut aussi généraliser un théorème connu (cf. [5] Th. 2.2)

<u>PROPOSITION 3</u>.- Soit Ω un ouvert connexe dans un produit d'espaces de Fréchet, Ω' un ouvert contenu dans Ω, f une fonction G-analytique dans Ω, analytique dans Ω'. Alors f est analytique dans Ω.

Nous allons voir maintenant que les ouverts pseudoconvexes ont eux aussi une forme particulière dans un produit.

<u>DÉFINITION</u>.- Soit E un e.l.c. complexe, F un sous espace complexe, un F-cylindre de E est une partie de E saturée modulo F.

<u>PROPOSITION 4</u>.- Soit $E = \prod_{i \in I} E_i$ un e.l.c. Ω un ouvert pseudoconvexe connexe de E. Alors il existe une partie finie J de I telle que Ω soit un $\prod_{i \notin J} E_i$-cylindre.

La démonstration découle des deux lemmes :

<u>LEMME 1</u>.- Une fonction sousharmonique majorée, définie dans $\mathbb{C}$ tout entier est constante.

<u>LEMME 2</u>.- Soit Ω un ouvert pseudoconvexe connexe de $\mathbb{C}^p \times \mathbb{C}^q$ qui contient un $\mathbb{C}^p$-cylindre ouvert. Alors Ω est un $\mathbb{C}^p$-cylindre.

<u>COROLLAIRE DE LA PROPOSITION 4</u>.- Dans les produits de droites, les ouverts pseudoconvexes sont domaines d'existence de fonctions analytiques.

La proposition 1 permet de mettre en évidence dans un produit P dénombrable de droites réelles, les bizarreries suivantes :

- Toute fonction analytique sur $P - \{0\}$ se prolonge à P tout entier.
- H_2 n'est équivalent ni à H_1 ni à H_3. On trouvera les contre-exemples dans [3].

IV. CONTRE-EXEMPLES BANACHIQUES

PROPOSITION 5.- Il existe un espace de Banach B sur $\mathbb{R}$, tel que

α) Toute application analytique définie sur $B - \{0\}$ à valeurs dans un espace de Banach, se prolonge à B tout entier.

β) La boule unité de $B \otimes_R \mathbb{C}$ est domaine d'existence d'une application analytique, mais non d'une fonction analytique complexe.

Remarques : B ne saurait être séparable : un banach séparable S se plonge dans $\mathcal{C}[0, 1]$. Si p désigne le plongement, on dispose alors dans $S - \{0\}$ de la fonction $x \longmapsto \dfrac{1}{\|p(x)\|^2_{L^2}}$.

D'autre part, α) implique que $B - \{0\}$ ne peut s'identifier, en tant que variété, à une sous-variété d'un espace de Banach.

Le banach B est l'espace des fonctions continues à support compact sur l'ensemble I des ordinaux de seconde classe muni de la topologie de l'ordre. Soit $\tilde{B}$ son complexifié. Nous démontrerons le

LEMME 3.- Tout germe de fonction analytique sur $\tilde{B}$ se factorise à travers la projection de $\tilde{B}$ sur un sous banach séparable direct.

De ce lemme on déduit β et

α') Toute fonction analytique définie sur $B - \{0\}$ se prolonge à B tout entier.

Démonstration du lemme 3 : Soit f dans $\tilde{B}$, $\rho_\alpha(f)$ sa restriction à $[0, \alpha]$ et $\rho_\alpha(f)$ le prolongement par zéro de $\rho_\alpha(f)$. Notre intention est de

montrer qu'un germe analytique f se factorise à travers une projection p_α et, via la série de Taylor, il nous suffit de le montrer pour les polynômes.
Si f est un polynôme de degré n , il lui correspond une forme n-linéaire symétrique $\tilde{f}$. Si on appelle support de $\tilde{f}$ le support de la "mesure"

$$\varphi \longmapsto ((\varphi_2 , \ldots , \varphi_n) \longmapsto \tilde{f}(\varphi, \varphi_2 , \ldots , \varphi_n))$$

il nous suffit de montrer que $\tilde{f}$ est à support compact, dès que f est continu.
Pour ce faire, nous procèderons par récurrence sur le degré n de $\tilde{f}$.
Le cas $n = 1$ est vite réglé : en effet $\tilde{B}' = \ell^1(I)$.

Commençons par démontrer un résultat plus faible que le résultat voulu :

(H_n) Si f est une forme n-linéaire symétrique continue sur $\tilde{B}$,

$$\forall\ \alpha \in I ,\ \exists\ \beta(\alpha) \in I \quad \beta(\alpha) > \alpha \quad \text{tel que : } \operatorname{supp} \varphi_1 \cap [0, \beta] = \emptyset \quad \text{et}$$

$$\operatorname{supp} \varphi_n \subset [0, \alpha] \quad \text{impliquent} \quad f(\varphi_1, \ldots, \varphi_n) = 0 \ .$$

Pour démontrer H_n nous raisonnons par récurrence transfinie sur α :

Si $\alpha = 0$, $\varphi_n = \lambda\chi_0$ et le résultat découle de l'hypothèse de récurrence.

Si α est isolé, toute fonction φ_n à support dans $[0, \alpha]$ est la somme d'une fonction à support dans $[0, \alpha - 1]$ et d'une fonction à support $\{\alpha\}$ ou vide. D'où

$$f(\varphi_1, \ldots, \varphi_n) = f(\varphi_1, \ldots, \varphi_n') + f(\varphi_1, \ldots, \varphi_n'') \ .$$

Le second terme est nul dès que $\operatorname{supp} \varphi_1 \cap [0, \theta] = \emptyset$ d'après l'hypothèse de récurrence, et le premier l'est dès que $\operatorname{supp} \varphi_1 \cap [0, \beta(\alpha - 1)] = \emptyset$, d'après l'hypothèse de récurrence transfinie. Donc leur somme est nulle dès que

$$\operatorname{supp} \varphi_1 \cap [0, \sup (\theta, \beta(\alpha - 1))] = \emptyset \ .$$

Supposons maintenant $\alpha = \sup \alpha_p$ α_p étant une suite croissante.
Soit φ_n une fonction à support dans $[0, \alpha]$. En posant

$$\varphi_n'' = \varphi_n(\alpha)\chi_{[0, \alpha]} \quad \text{et} \quad \varphi_n' = \varphi_n - \varphi_n'' , \quad \text{on obtient} \quad \varphi_u = \varphi_n' + \varphi_n'' \ .$$

D'après l'hypothèse de récurrence, $f(\varphi_1,\dots,\varphi''_n) = 0$ dès que

$$\operatorname{supp}\varphi_1 \cap [0, \theta'] = \emptyset$$

Posons $v = \sup_p (\beta(\alpha_p))$ et soit φ_1 avec $\operatorname{supp}\varphi_1 \cap [0, v] = \emptyset$.

$f(\varphi_1, \varphi_2,\dots, \varphi'_n) = \lim_p f(\varphi_1, \varphi_2,\dots, \varphi'_n \chi_{[0, \alpha_p]}$ parce que $\varphi'_n(\alpha) = 0$.

Vu l'hypothèse sur φ_1 , on conclut que $f(\varphi_1, \varphi_2, \dots, \varphi'_n) = 0$

Finalement $f(\varphi_1,\dots, \varphi_n) = 0$ dès que $\operatorname{supp}\varphi_1 \cap [0, \sup(\theta', v)] = \emptyset$.

(H_n) étant démontré, nous allons raisonner par l'absurde.

En d'autres termes, nous supposons que :

(HA) $\forall \alpha \ \exists \ \varphi_1,\dots, \varphi_n$ avec $\operatorname{supp}\varphi_1 \cap [0, \alpha] = \emptyset$ et $f(\varphi_1,\dots, \varphi_n) \neq 0$.

Dans ce cas

$\forall \alpha \ \exists \ \varphi_1,\dots, \varphi_n$ avec $\forall i \ \operatorname{supp}\varphi_i \cap [0, \alpha] = \emptyset$ et $f(\varphi_1,\dots,\varphi_n) \neq 0$

Pour le voir on remplace dans (HA) α par $\beta(\alpha)$, et on remplace les φ_i que nous fournit (HA) par $\varphi'_i = \varphi_i - \chi_{[0, \alpha]}\varphi_i$.

On peut donc définir une application ρ de I dans B^n :

$\alpha \longmapsto (\varphi_{\alpha_1},\dots, \varphi_{\alpha_n})$ avec $\operatorname{supp}\varphi_{\alpha_i} \cap [0, \alpha] = \emptyset$, $\|\varphi_{\alpha_i}\| \leq 1$ et

$$f(\varphi_{\alpha_1},\dots, \varphi_{\alpha_n}) > 0 \ .$$

Soit σ l'application de I dans I qui, à α, associe $\sup_{\substack{1 \leq i \leq n \\ \beta \leq \alpha}} \operatorname{supp}\varphi_{\beta_i}$

et soit τ une application de I dans I , croissante et telle que

$$\tau(\alpha) > \alpha \quad \text{et} \quad \tau(\alpha) \geq \beta(\sigma(\alpha)) \ .$$

Soit I' le plus petit sous ensemble fermé de I contenant 0 et stable par τ . On sait alors que si γ et δ sont dans I' et $\gamma < \delta$, on a $\tau(\gamma) \leq \delta$. D'autre part I' n'est ni dénombrable ni majoré.

Soit λ l'isomorphisme unique de I sur I' et notons

$(r_1(\alpha),\ldots, r_n(\alpha)) = \rho(\lambda(\alpha))$. On a $f(r_1(\alpha),\ldots, r_n(\alpha)) > 0$.

On peut donc trouver $\varepsilon > 0$ et une suite d'ordinaux $(\alpha_j)_{j \in \mathbb{N}}$ de façon que

$$f(r_1(\alpha_j),\ldots, r_n(\alpha_j)) \geq \varepsilon > 0 .$$

Choisissons N de façon que $N\varepsilon > \|f\|$. Nous allons voir que

$$f(\sum_{j=1}^{N} r_1(\alpha_j),\ldots, \sum_{j=1}^{N} r_n(\alpha_j)) = \sum_{j=1}^{N} f(r_1(\alpha_j),\ldots, r_n(\alpha_j)) \geq N\varepsilon$$

En effet, les termes du développement par linéarité du premier membre qui ne figurent pas dans le second sont nuls car il y apparaît deux indices j_1 et j_2 distincts. On a alors, en supposant $\alpha_{j_1} < \alpha_{j_2}$, $\lambda(\alpha_{j_1}) < \lambda(\alpha_{j_2})$ et donc $\tau \circ \lambda(\alpha_{j_1}) \leq \tau \circ \lambda(\alpha_{j_2})$. Ce qui veut dire que

$$\operatorname{supp} r_i(\alpha_{j_1}) \subset [0, \sigma \circ \lambda(\alpha_{j_1})]$$

alors que $\operatorname{supp} r_k(\alpha_{j_2}) \cap [0, \beta \circ \sigma \circ \lambda(\alpha_{j_1})] = \emptyset$

Vu la définition de β , $f(\ldots, r_i(\alpha_{j_1}),\ldots, r_k(\alpha_{j_2}),\ldots)$ est alors nul.

Mais $\|\sum_{j=1}^{N} r_i(\alpha_j)\| \leq 1$ puisque c'est une somme de fonctions à supports disjoints. On en conclut l'absurdité $\|f\| \geq N\varepsilon$.

Le lemme 3 est démontré.

Il nous reste pour démontrer β) de la proposition 5 à montrer que la boule unité de $\tilde{B}$ est domaine d'existence d'une application analytique.

Soit donc g une fonction analytique dont le domaine d'existence est le disque unité du plan complexe. $f \longmapsto g \circ f$ a la propriété voulue.

Nous allons voir maintenant que la propriété β de la proposition 5 ne peut se rencontrer dans le cas d'un banach séparable :

THÉORÈME 1.- Soit B un banach séparable, Ω un ouvert de B, f une application analytique dans Ω à valeurs dans un espace de Banach C. Alors il existe une fonction analytique g ayant en tout point le même rayon de convergence que f. Dans le cas général, on aura seulement le

THÉORÈME 2.- Soit B un banach, Ω un ouvert de B, f une application analytique dans Ω, à valeurs dans un espace de Banach, u_n une suite de points de Ω. Alors il existe une fonction analytique g définie dans Ω admettant aux points u_n le même rayon de convergence que f.

COROLLAIRES : 1.- Pour un ouvert d'un espace de Banach séparable la condition H_i' implique la condition H_i $(i = 1, 2, 3)$.

2.- Pour un ouvert d'un espace de Banach, la condition H_i' implique la condition H_i $(i = 2, 3)$. cf. [2].

Les deux théorèmes sont des conséquences immédiates du

LEMME 4.- Soit f le germe en zéro d'une application analytique d'un banach B dans un banach C, soit R le rayon de convergence de f, et soit $R' > R$. L'ensemble A des formes linéaires continues ℓ sur C, telles que $\ell \circ f$ ait un rayon de convergence plus grand que R' est maigre dans C'.

Démonstration : Ecrivons $f = \sum_n f_n$ où les f_n sont des applications polynômiales homogènes de degré n et soit ℓ dans A.

On a donc $$\overline{\lim} \|\ell \circ f_n\|^{1/n} \leq \frac{1}{R'} < \frac{1}{R} = \overline{\lim} \|f_n\|^{1/n} .$$

Soit f_{n_k} une sous-suite de f_u vérifiant $\|f_{n_k}\|^{1/n_k} > \frac{2}{R + R'}$, on voit facilement qu'on peut trouver $\varepsilon > 0$ tel qu'à partir d'un certain rang,

$$\|\ell \circ f_{n_k}\| \leq (1 - \varepsilon)^{4n_k} \|f_{n_k}\| .$$

Si on pose $F_p = \{\ell \in C' \mid k > p \Longrightarrow \|\ell \circ f_{n_k}\| \leq (1 - \frac{1}{p})^{4n_k} \|f_{n_k}\|\}$

on peut écrire $A \subset \bigcup_p F_p$. Il nous suffit donc de montrer que F_p est rare.

F_p est évidemment fermé, montrons qu'il est d'intérieur vide. Soit $\ell \in F_p$ et $\ell_1 \in C'$ vérifiant $\|\ell_1 \circ f_{n_k}\| \geq (1 - \frac{1}{p})^{2n_k} \|f_{n_k}\|$ pour une infinité de valeurs de k. Soit λ dans $\mathbb{C} - \{0\}$.

$$\|(\ell + \lambda\ell_1) \circ f_{n_k}\| \geq |\lambda| \, \|\ell_1 \circ f_{n_k}\| - \|\ell \circ f_{n_k}\|$$

d'où pour une infinité de valeurs de k,

$$\|(\ell + \lambda\ell_1) \circ f_{n_k}\| \geq (|\lambda|(1 - \frac{1}{p})^{2n_k} - (1 - \frac{1}{p})^{4n_k})\|f_{n_k}\| \geq 2(1 - \frac{1}{p})^{4n_k} \|f_{n_k}\|$$

Il ne nous reste qu'à prouver l'existence de ℓ_1.

Choisissons x_{n_k} dans B vérifiant $\|x_{n_k}\| = 1$, $\|f_{n_k}(x_{n_k})\| \geq \frac{1}{2} \|f_{n_k}\|$ et posons $y_{n_k} = f_{n_k}(x_{n_k})$. Raisonnons maintenant par l'absurde et supposons que pour toute forme linéaire continue ℓ sur C, on ait

$$\|\ell \circ f_{n_k}\| < (1 - \frac{1}{p})^{2n_k} \|f_{n_k}\| \quad \text{pour } k \text{ suffisamment grand.}$$

Il en découle que $|\ell(y_{n_k})| < 2(1 - \frac{1}{p})^{2n_k} \|y_{n_k}\|$ pour k suffisamment grand.

On pose
$$z_{n_k} = \frac{y_{n_k}}{(1 - \frac{1}{p})^{n_k} \|y_{n_k}\|}$$

On obtient alors $|\ell(z_{n_k})| < 2(1 - \frac{1}{p})^{n_k}$ à partir d'un certain rang.

Donc z_{n_k} converge faiblement vers zéro, donc reste borné, ce qui est absurde puisque
$$\|z_{n_k}\| = \frac{1}{(1 - \frac{1}{p})^{n_k}}$$
C.q.f.d.

Nous avons fait la lumière sur les flèches verticales du diagramme (I). Parmi les flèches horizontales la conjecture la plus accessible me semble être $H_4 \Longrightarrow H_2$ dans le cas séparable.

BIBLIOGRAPHIE

[1] **BREMERMANN H.-J.** "Holomorphic Functionals and Complex Convexity in Banach Spaces" Pacific J. Math. 7 (1957), 811-831.

[2] **COEURE G.** Thèse (à paraître)

[3] **HIRSCHOWITZ A.** "Remarques sur les ouverts d'holomorphie d'un produit dénombrable de droites". Ann. Inst. Fourier 19 (1969) fasc. 1, 219-229.

[4] **HIRSCHOWITZ A.** "Sur le non-plongement des variétés analytiques banachiques réelles". C. R. Acad. Sci. Paris, Sér. A-B 269 (1969), A 844 - A 846.

[5] **NOVERRAZ Ph.** Thèse (à paraître)

[6] **RICKART C.E.** "Analytic Functions of an infinite number of complex variables". Duke Math. J. 36 (1969), 581-597.

Séminaire P.LELONG
(Analyse)
10e année, 1969/70 17 Décembre 1969

BORNOLOGIE DES ESPACES DE FONCTIONS ANALYTIQUES EN DIMENSION INFINIE

par André HIRSCHOWITZ

I. INTRODUCTION

En dimension finie, les espaces de fonctions analytiques se laissent volontiers munir de topologies naturelles (cf. [5]). En dimension infinie, la situation n'est pas claire pour l'instant dans la mesure où on peut définir et utiliser deux topologies (cf. [1] et [6]) dont on ne sait si elles coïncident. Par contre, on voit sans peine que ces deux topologies définissent les mêmes bornés. Préférant ce qui unit à ce qui sépare, nous allons étudier la bornologie de ces espaces.

Avant de décrire les deux topologies en question, rappelons deux définitions :

DÉFINITION 1.- Soit Ω un ouvert d'un e.l.c. E , f une fonction à valeurs complexes sur Ω . On dit que f est analytique si sa restriction aux droites de E est analytique et si f est localement bornée.

DÉFINITION 2.- Soit Ω un ouvert d'un e.l.c. E , F un autre e.l.c., une application de Ω dans F est analytique si elle est localement bornée et si ses composées avec les formes linéaires continues sur F sont analytiques. Cette notion ne dépend de la topologie de F que par l'intermédiaire de la bornologie qu'elle définit (cf. [4]).

Dans la suite, nous supposerons que E et F sont normés. Notons $HB(\Omega, F)$, l'espace normé des applications analytiques bornées de Ω dans F .

Pour K compact dans E , posons

$$K_\varepsilon = \{x \in E \mid d(x, K) < \varepsilon\} \quad \text{et} \quad H(K, F) = \varinjlim_{\varepsilon} HB(K_\varepsilon, F) .$$

La topologie introduite par Nachbin est celle de $H_N(\Omega, F) = \varprojlim_{K \subset \Omega} H(K, F)$.

Cette topologie est, en dimension infinie, strictement plus fine que celle de la convergence compacte, mais elle définit les mêmes bornés.

Considérons maintenant un recouvrement dénombrable $\mathcal{U} = (U_n)$ de Ω par des ouverts, et soit $H_{\mathcal{U}}(\Omega, F)$ l'espace métrisable des applications analytiques de Ω dans F bornées sur chaque U_n .

La topologie utilisée par Coeuré est celle de $H_C(\Omega, F) = \varinjlim_{\mathcal{U}} H_{\mathcal{U}}(\Omega, F)$.

La topologie obtenue est plus fine que la précédente mais elle définit les mêmes bornés. L'espace H_C est bornologique, ce qui est sans doute sa plus grande vertu. Dans le cas où E est un Banach séparable, il est fort vraisemblable que H_C et H_N soient isomorphes. Par contre, dans d'autres cas, $E = \ell^\infty$ en particulier, j'incline plutôt à penser que les deux topologies diffèrent.

II. LA σ-BORNOLOGIE

Pour étudier les bornés de $H(\Omega, F)$, introduisons une notion très simple :

DÉFINITION 3.- Une partie P de Ω sera dite σ-bornée (dans Ω), si toute fonction analytique dans Ω est bornée sur P .

PROPOSITION 1.- Si F est un e.l.c. quelconque, toute application analytique de Ω dans F est bornée sur les σ-bornés de Ω .

Démonstration : C'est une conséquence immédiate de l'identité entre les parties faiblement et fortement bornées d'un e.l.c.

PROPOSITION 2.- Si K est un compact de Ω , $\hat{K}_\Omega$ est σ-borné dans Ω .

<u>PROPOSITION 3</u>.- Si Ω_1 est un ouvert de E_1 , Ω_2 un ouvert de E_2 et f une application analytique de Ω_1 dans Ω_2 . Alors l'image par f d'un $\mathcal{O}$-borné de Ω_1 est un $\mathcal{O}$-borné de Ω_2 .

La démonstration de ces deux propositions est évidente.

Dans la suite nous aurons besoin du résultat suivant : soit P une partie de E , $P_\varepsilon = \{x \in E \mid d(x, P) < \varepsilon\}$ et $H(P, F) = \varinjlim_{\varepsilon} HB(P_\varepsilon, F)$:

<u>PROPOSITION 4</u>.- Si Γ est un borné de $H(P, F)$, Γ est contenu et borné dans l'espace $HB(P_\varepsilon, F)$ pour ε suffisamment petit (F est à nouveau normé).

<u>Démonstration</u> : Si f est dans $H(P, F)$ et x est dans P , notons $f^{(n)}(x)$ la partie homogène de degré n de la série de Taylor de f en x . $f^{(n)}(x)$ est une application polynômiale de E dans F . On définit donc sans peine $\|f^{(n)}(x)\|$. Comme f est dans l'un des espaces $HB(P_\varepsilon, F)$, les inégalités de Cauchy nous assurent que $\|f^{(n)}\|_P = \sup_{x \in P} \|f^{(n)}(x)\|$ est fini et que $\|f^{(n)}\|_P$ croît moins vite qu'une série géométrique en n . Soit alors α_k une suite de nombres réels positifs telle que $\alpha_k^{1/k}$ tende vers zéro avec $\frac{1}{k}$.

$q(f) = \sum_{k \in \mathbb{N}} \alpha_k \|f^{(k)}\|_P$ est une semi norme continue sur $H(P, F)$.

A l'aide de semi normes de cette forme, nous allons montrer successivement

α) Si une suite $\{f_n\}$ n'est contenue dans aucun des espaces $HB(P_\varepsilon, F)$, elle n'est pas bornée.

β) Si une suite $\{f_n\}$ contenue dans $HB(P_{\varepsilon_0}, F)$ n'est bornée dans aucun des espaces $HB(P_\varepsilon, F)$ pour $\varepsilon < \varepsilon_0$, elle n'est pas bornée.

α) $f_n \notin HB(B_{\varepsilon_n}, F)$ avec $\varepsilon_n \longrightarrow 0$. Ecrivons la série de Taylor de f_n en x sous la forme $f_n = \sum_{k \geq 0} f_n^{(k)}(x)$. L'hypothèse implique que la série $\sum_k \varepsilon_n^k \|f_n^{(k)}(x)\|$ diverge pour un point x au moins de P.

Par suite, la série $\sum_k \varepsilon_n^k \|f_n^{(k)}\|_P$ diverge. Par conséquent, il existe une fonction $\varphi(m, n)$ telle que $\sum_{k=m+1}^{\varphi(m,n)} \varepsilon_n^k \|f_n^{(k)}\|_P \geq n$.

Définissons $k_o = -1$ $k_n = \varphi(k_{n-1}, n)$. La suite k_n tend en croissant vers l'infini. Pour $k_{n-1} < k \leq k_n$, posons $\alpha_k = \varepsilon_n^k$ et soit q la semi norme correspondant aux α_k ainsi construits. On a $q(f_n) \geq n$, ce qui prouve que la suite $\{f_n\}$ n'est pas bornée.

β) En extrayant éventuellement des sous-suites, on se ramène au cas où il existe une suite x_n dans E telle que $d(x_n, P)$ tende vers zéro en décroissant, et telle que $\|g_n(x_n)\|$ tende vers l'infini.
Nous choisirons α_k de la forme $\alpha_k = [d(x_{\varphi(k)}, P)]^k$ avec φ croissante surjective et tendant vers l'infini. Si φ croît suffisamment lentement, on obtient facilement $q(g_{\varphi(k)}) \geq \frac{1}{2} \|g_{\varphi(k)}(x_{\varphi(k)})\|$ ce qui prouve que $\{g_p\}$ n'est pas bornée. La proposition 4 étant démontrée, nous pouvons démontrer la

<u>PROPOSITION 5</u>.- Soit P un σ-borné de Ω et f dans $H(\Omega, F)$. Alors il existe ε et M tels que $\|f\|_{P_\varepsilon} \leq M$. $(P_\varepsilon = \{x \in \Omega \mid d(x, P) < \varepsilon\})$.

<u>Démonstration</u> : Définissons une application $\tilde{f}$ de Ω dans $H(o, F)$ par $\tilde{f}(x) = (y \longmapsto f(x + y))$ et montrons que $\tilde{f}$ est analytique. Soit x_o dans Ω et supposons que f est bornée dans $x_o + 3 B_\varepsilon$ où B_ε désigne la boule ouverte de centre zéro et de rayon ε dans E. Les inégalités de Cauchy et la formule des accroissements finis assurent alors que f est uniformément continue dans $x_o + 2 B_\varepsilon$. Il en résulte que l'application $\hat{f}$ de $x_o + B_\varepsilon$ dans $HB(B_\varepsilon, F)$ définie par $\hat{f}(x) = (y \longmapsto f(x + y))$ est continue.

Soit i l'injection de $HB(B_\varepsilon, F)$ dans $HB(B_\varepsilon, \hat{F})$ et j l'injection de $HB(B_\varepsilon, F)$ dans $H(o, F)$.

Pour montrer que $\tilde{f} = j \circ \hat{f}$ est analytique, nous montrerons que $\hat{f}$ est analytique. Pour montrer que $\hat{f}$ est analytique, nous montrerons que $\check{f} = i \circ \hat{f}$ est analytique. Mais $\check{f}$ est continue à valeurs dans un espace de Banach. On peut calculer l'intégrale de $\check{f}$ le long d'un contour. Cette intégrale est une fonction sur B_ε nulle en chaque point car $< \delta_x, \check{f} > = (y \longmapsto f(x + y))$ est analytique. L'intégrale de $\check{f}$ le long de tout contour homotope à zéro est donc nulle, ce qui prouve que $\check{f}$ est analytique.

L'application $\tilde{f}$, analytique dans Ω est bornée sur P. $\tilde{f}(P)$ est donc un borné de $H(o, F)$. D'après la proposition 4, cela signifie qu'il existe ε et M tels que pour tout x dans P, la série de Taylor de f en x converge dans $x + B_\varepsilon$ et y est majorée en norme par M. C.q.f.d.

<u>PROPOSITION 6</u>.- Si P est σ-borné dans Ω et si Q est σ-borné dans Ω', alors $P \times Q$ est σ-borné dans $\Omega \times \Omega'$.

<u>Démonstration</u> : Notons à nouveau $H(P, F) = \varinjlim_{\varepsilon} HB(P_\varepsilon, F)$.

A f analytique dans $\Omega \times \Omega'$, on peut associer, pour x dans Ω', $\approx f(x) = f_{|P \times \{x\}}$. D'après la proposition 5, $\approx f$ prend ses valeurs dans $H(P, F)$. Nous allons montrer que $\approx f$ est analytique. Soit x_o dans Ω'. $P \times \{x_o\}$ est évidemment σ-borné dans $\Omega \times \Omega'$. D'après la proposition 5, f est bornée dans $P_{3\varepsilon} \times \{x_o + 3 B_\varepsilon\}$ pour ε suffisamment petit. Les inégalités de Cauchy et la formule des accroissements finis nous assurent à nouveau que f est uniformément continue dans $P_{2\varepsilon} \times \{x_o + 2 B_\varepsilon\}$. Il en résulte que l'application $\hat{\hat{f}}$ de $x_o + B_\varepsilon$ dans $HB(P_\varepsilon, F)$ définie par $\hat{\hat{f}}(x) = (y \longmapsto f(y, x))$ est continue. On peut alors démontrer comme pour la proposition 5 que $\hat{\hat{f}}$, et par suite $\approx f$, est analytique. Maintenant $\approx f(Q)$ est borné. D'après la proposition 4 , cela signifie qu'il existe ε et M tels que f soit bornée par M sur $P_{\varepsilon} \times Q$ ce qui entraîne en particulier que f est bornée sur $P \times Q$. C.q.f.d.

COROLLAIRE.- Si $\Omega = E$, les σ-bornés forment une bornologie vectorielle sur E . Dans ce cas particulier ($\Omega = E$) la question cruciale est la suivante :

Question : Si $\Omega = E$, la σ-bornologie est-elle convexe ?

III. LA BORNOLOGIE DE $H(\Omega, F)$

Nous allons maintenant donner une description de la bornologie de $H(\Omega, F)$ à l'aide des σ-bornés.

Rappelons sans démonstration la

PROPOSITION 7.- (cf. [6]) : Les parties bornées de $H(\Omega, F)$ sont les parties B telles que pour tout compact K de Ω , il existe ε et M tels que pour toute f dans B , $\|f\|_{K_{\varepsilon}} \leq M$ $(K_{\varepsilon} = \{x \in \Omega \mid d(x, K) \leq \varepsilon\})$.

Notre description est tout à fait analogue :

THÉORÈME 1.- Soit B un borné de $H(\Omega, F)$. Pour tout σ-borné P de Ω , il existe deux constantes ε et M telles que pour toute f dans B , on ait

$$\|f\|_{P_{\varepsilon}} \leq M .$$

Démonstration : Notons $\ell^{\infty}(B, \hat{F})$ l'espace de Banach des applications uniformément bornées de B dans le complété de F . Notons $\tilde{B}$ l'application de Ω dans $\ell^{\infty}(B, \hat{F})$ définie par $\tilde{B}(x) = (b \longmapsto b(x))$. Nous allons montrer que $\tilde{B}$ est analytique. Soit x_0 dans Ω . D'après la proposition 7 , pour x dans $x_0 + 2B_{\varepsilon}$ et b dans B , on a $\|b(x)\| \leq M$. Les inégalités de Cauchy et la formule des accroissements finis nous assurent alors que B est équicontinu dans $x_0 + B_{\varepsilon}$, ce qui prouve que $\tilde{B}$ est continu. On peut alors intégrer $\tilde{B}$ le long d'un contour homotope à un point.

Soit I une telle intégrale : $I = \int_{\Gamma} \tilde{B}(x)dx$. Notons $(x_b)_{b \in B}$ le point courant de $\ell^{\infty}(B, \hat{F})$ et soit ℓ une forme linéaire continue sur $\hat{F}$. Notons ℓ_c la forme linéaire continue sur $\ell^{\infty}(B, \hat{F})$ définie par $(x_b)_{b \in B} \longmapsto \ell(x_c)$. $\ell_c \circ \tilde{B} = c$ est évidemment analytique. On en conclut que $\ell_c(I) = 0$ ceci pour tout c dans B et pour tout ℓ dans $\hat{F}'$. Ceci prouve que si $I = (I_b)_{b \in B}$, on a $I_b = 0$ pour tout b dans B, donc $I = 0$ et par conséquent $\tilde{B}$ est analytique.

Dès lors $\tilde{B}$ est justiciable de la proposition 5, ce qui prouve le théorème.

Nous allons maintenant généraliser une définition donnée dans [4] : Soit Ω un espace topologique, F un e.l.c., F' son dual, $\mathcal{C}(\Omega, F)$ l'espace des applications continues de Ω dans F, $A(\Omega, F')$ l'espace des applications quelconques de Ω dans F'. Soit H un sous espace vectoriel de $\mathcal{C}(\Omega, F)$. Définissons

$$H^x = \{g \in A(\Omega, F') \mid \forall f \in H, \sum_{x \in \Omega} |< g(x), f(x) >| < +\infty\}.$$

H et H^x sont mis en dualité séparant H par $(f,g) \longmapsto \sum_{x \in \Omega} < g(x), f(x) >$.

<u>DÉFINITION 4</u>.- On appelle bornologie de la croissance sur H, la bornologie définie par $\sigma(H, H^x)$.

<u>THÉORÈME 2</u>.- Soit F un espace de Banach et H un sous espace de $\mathcal{C}(\Omega, F)$ muni de la topologie de la convergence uniforme sur une famille de parties de Ω contenant les points et quasi complet ou semi-complet pour cette topologie. Alors la bornologie définie par cette topologie est la bornologie de la croissance.

<u>Démonstration</u> : Soit $(A_j)_{j \in J}$ la famille de parties de Ω qui définit la topologie de H. Les bornés de H sont les ensembles de fonctions uniformément bornées sur chaque A_j. Soit f_n une suite bornée dans H, et soit g dans H^x. Il nous faut montrer que $< g, f_n >$ est borné.

Vu l'hypothèse sur H , pour toute suite λ_n dans ℓ^1 , $\sum_n \lambda_n f_n$ est dans H .
Notons
$$f^{(\lambda)} = \sum_n \lambda_n f_n$$

L'ensemble P des x dans Ω pour lesquels $< g(x), f^{(\lambda)}(x) >$ n'est pas identiquement nul, est dénombrable : en effet :

$$P = \{x \in \Omega \mid \exists\ \lambda \in \ell^1, < g(x), f^{(\lambda)}(x) > \neq 0\} = \bigcup_n \{x \in \Omega \mid < g(x), f_n(x) > \neq 0\} .$$

En numérotant P , on obtient une suite x_n de points de Ω , telle que pour λ dans ℓ^1 ,
$$< g, f^{(\lambda)} > = \sum_n < g(x_n), f^{(\lambda)}(x_n) > .$$

Définissons une suite $\tilde{g}_n$ de formes linéaires continues sur ℓ^1 par
$$< \tilde{g}_n, \lambda > = \sum_{m \leq n} < g(x_m), f^{(\lambda)}(x_m) > = \sum_i \lambda_i (\sum_{m \leq n} < g(x_m), f_i(x_m) >) .$$

La suite $\tilde{g}_n$ est simplement bornée puisque
$$| < \tilde{g}_n, \lambda > | = | \sum_{m \leq n} < g(x_m), f^{(\lambda)}(x_m) > | \leq \sum_{x \in \Omega} | < g(x), f^{(\lambda)}(x) > | < + \infty$$

D'après le théorème de Banach-Steinhaus, elle est fortement bornée.
Autrement dit, il existe M tel que $\|\tilde{g}_n\| \leq M$. Cela veut dire que
$$\sup_{i \in \mathbb{N}} | \sum_{m \leq n} < g(x_m), f_i(x_m) > | \leq M .$$

En passant à la limite lorsque n tend vers l'infini, on obtient, pour tout i ,
$$| < g, f_i > | \leq M .$$

Réciproquement, soit f_i une suite $\sigma(H, H^x)$-bornée.
Soit x_n une suite de points de Ω contenue dans un A_j .
Soit $\tilde{f}$ la restriction de f à $\{x_n\}$. C'est un élément de $\ell^\infty(\mathbb{N}, F)$. Nous allons montrer que la suite $\tilde{f}_i$ est bornée dans $\ell^\infty(\mathbb{N}, F)$.

Soit $\lambda = (\lambda_n)_{n \in \mathbb{N}}$ le point courant de $\ell^1(\mathbb{N}, F')$. Soit $\tilde{\lambda}$ l'élément de H^x défini par $\tilde{\lambda}(x_n) = \lambda_n$, $\tilde{\lambda} = 0$ ailleurs. La suite f_i définit une suite de formes linéaires continues sur $\ell^1(\mathbb{N}, F')$: $< \tilde{f}_i, \lambda > = < \tilde{\lambda}, f_i >$. Cette suite est simplement bornée par hypothèse. Elle est donc fortement bornée d'après le théorème de Banach-Steinhaus. Cela signifie qu'il existe M tel que $\|\lambda\| \leq 1$ implique $| < \tilde{f}_i, \lambda > | \leq M$. Maintenant on peut choisir λ de façon que $| < \lambda_{n_o}, f_i(x_{n_o}) > | \geq (1 - \varepsilon) \| f_i(x_{n_o}) \|$ et $\lambda_n = 0$ pour n différent de n_o . Ceci prouve que $\|\tilde{f}_i\|_\infty \leq M$. C.q.f.d.

<u>COROLLAIRE</u>.- Si F est un espace de Banach, et Ω un ouvert d'un espace normé E , la bornologie de $H(\Omega, F)$ est la bornologie de la croissance.

<u>Démonstration</u> : La bornologie de $H(\Omega, F)$ peut aussi bien être définie par la topologie de la convergence uniforme sur les compacts pour laquelle $H(\Omega, F)$ est complet. On peut donc appliquer le théorème.

IV. APPLICATION ET EXEMPLES

<u>THÉORÈME 3</u>.- Soit E normé, $\hat{E}$ son complété. L'intersection $\tilde{E}$ des domaines d'existence de $\hat{E}$ qui contiennent E est un espace vectoriel.

<u>Démonstration</u> : Nous allons montrer que $\tilde{E}$ est la réunion des adhérences des σ-bornés de E . En effet, si cela est prouvé et si x est dans $\overline{P}$ alors que y est dans $\overline{Q}$, alors $x + y$ est dans $\overline{P + Q}$ cependant que λx est dans $\overline{\lambda P}$. $P + Q$ et λP étant σ-bornés d'après le corollaire de la proposition 6 , on conclut que $\tilde{E}$ est un espace vectoriel.

Soit donc x dans $\tilde{E}$ et x_n une suite dans E tendant vers x .
Toute fonction analytique sur E se prolonge au voisinage de x ce qui prouve que $\{x_n\}$ est un σ-borné et on a $x \in \overline{\{x_n\}}$. Réciproquement, soit P un σ-borné, x dans $\overline{P}$ et Ω un domaine d'existence contenant E . Soit f une fonction dont Ω est le domaine d'existence. Soit x_n une suite dans P

tendant vers x . $\{x_n\}$ est $\mathcal{O}$-borné. La démonstration de la proposition 5
nous assure alors qu'il existe un ε tel que la série de Taylor de f en x_n
converge dans une boule de rayon ε . Ω contient donc $x_n + B_\varepsilon$. Comme x_n
tend vers x , Ω contient aussi $x + B_\varepsilon$ et en particulier x . C.q.f.d.
De ce côté, la question cruciale est de savoir si $\widetilde{E} = \widehat{E}$ mais le pessimisme
est de rigueur.

Il est grand temps de s'inquiéter pour savoir dans quel cas on peut espérer
trouver plus de parties $\mathcal{O}$-bornées que de parties relativement compactes. De ce
point de vue, le résultat suivant est plutôt décevant :

THÉORÈME 4 - (cf. [3]) Soit E un espace de Banach qui se plonge dans
l'espace des fonctions continues sur un espace séquentiellement compact (c'est
le cas si E est séparable ou réflexif). Soit Ω un ouvert de E vérifiant
la condition

H_2 : Pour tout point frontière x de Ω et pour toute suite x_n de points
de Ω tendant vers x , il existe une fonction f analytique dans Ω dont le
rayon de convergence en x_n tend vers zéro avec $\frac{1}{n}$. Alors toute partie
$\mathcal{O}$-bornée de Ω est relativement compacte.

Démonstration : Ω étant métrique, il nous faut montrer que toute suite S
contenue dans un $\mathcal{O}$-borné admet une sous suite convergeant dans Ω .
Deux cas se présentent à priori :

1°) La suite S converge dans E . Soit x sa limite. D'après la proposition 5 , pour toute fonction f analytique dans Ω , le rayon de convergence
de f est minoré sur S , ce qui prouve, à cause de l'hypothèse H_2 que x
n'est pas un point frontière de Ω . Par conséquent x est à l'intérieur de Ω .

2°) La suite $S = (s_n)$ diverge dans E . Nous allons montrer que cela
n'est pas possible en construisant une fonction f analytique sur E tout entier et non bornée sur S . Nous supposerons f bornée sans quoi on trouve

aisément une solution linéaire.

En extrayant éventuellement une sous-suite, on peut supposer que

$$\|s_i - s_j\| \geq a\delta_i^j \qquad a > 0 \;.$$

Mais s_i est une fonction continue sur un espace K séquentiellement compact. Il existe donc $x_{i,j}$ dans K avec $|s_i(x_{i,j}) - s_j(x_{i,j})| \geq a\delta_i^j$. Comme S est borné, on peut extraire de s_i une sous-suite t_i convergeant simplement sur $\{x_{i,j}\}_{i \neq j} = L$. Notons t la limite. La convergence ne peut être uniforme, vu la définition des $x_{i,j}$. On peut donc extraire de la suite t_i une suite u_i vérifiant $\|u_i - u\|_L > b > 0$. On peut donc trouver une suite x_i dans L vérifiant $|u_i(x_i) - u(x_i)| \geq b > 0$. Maintenant on peut extraire de x_i une sous-suite convergeant dans K . Soit y_i la sous-suite et y sa limite. Il lui correspond une sous-suite de u_i dont on peut extraire une sous-suite v_i convergeant simplement en y . Soit z_i la sous-suite correspondante extraite de y_i .

Nous allons maintenant montrer qu'on peut extraire une sous-suite v_{i_p} de v_i et une sous-suite z_{j_p} de z_j de façon que $|v_{i_p}(z_{j_p}) - v_{i_p}(y)| \geq c > 0$:

Pour cette extraction, deux cas se présentent :

a) On peut extraire une sous-suite z_{i_p} de z_i de façon que $u(z_{i_p})$ tende vers $u(y)$. On peut alors écrire :

$$|v_{i_p}(z_{i_p}) - v_{i_p}(y)| \geq |v_{i_p}(z_{i_p}) - u(z_{i_p})| - |u(z_{i_p}) - u(y)| - |v_{i_p}(y) - u(y)| \;.$$

Cette inégalité fournit le résultat espéré puisque $|v_{i_p}(z_{i_p}) - u(z_{i_p})| \geq b$ alors que $|u(z_{i_p}) - u(y)|$ et $|v_{i_p}(y) - u(y)|$ tendent vers zéro.

b) $|u(z_i) - u(y)| \geq d > 0$. (pour v suffisamment grand) .

Cette fois écrivons

$$|v_i(z_j) - v_i(y)| \geq |u(z_j) - u(y)| - |v_i(z_j) - u(z_j)| - |v_i(y) - u(y)|$$

j étant fixé, lorsque i tend vers l'infini les deux derniers termes tendent vers zéro alors que le premier reste minoré. On peut donc choisir i en fonction de j pour obtenir l'inégalité voulue.

Nous nous sommes ainsi ramenés au cas suivant : u_n est une suite de fonctions sur K telle qu'il existe une suite x_n d'éléments de K convergeant vers x et une constante c telles que $|u_n(x_n) - u_n(x)| \geq c > 0$.

Construisons maintenant par récurrence une suite r_n vérifiant

$$\sum_{p \geq r_{n+1}} \left(\frac{2}{c}\right)^p |u_{r_n}(x_p) - u_{r_n}(x)|^p < 1$$

et une suite ε_n vérifiant

$$\varepsilon_n^2 = 1 \quad \text{et} \quad \left|\sum_{p \leq n} \varepsilon_p \left(\frac{2}{c}\right)^{r_p} (u_{r_n}(x_{r_p}) - u_{r_n}(x))^{r_p}\right| \geq 2^{r_n}$$

Définissons maintenant pour φ continue sur K ,

$$\theta(\varphi) = \sum_n \varepsilon_n \left(\frac{2}{c}\right)^{r_n} (\varphi(x_{r_n}) - \varphi(x))^{r_n}$$

θ est évidemment analytique et on a $|\theta(u_{r_n})| \geq 2^{r_n} - 1$. C.q.f.d.

Le meilleur candidat susceptible de mettre en échec une tentative de généralisation de ce théorème à tous les espaces de Banach semble être l'espace ℓ^∞/c_0 .

<u>Conjecture</u> : Dans l'espace ℓ^∞/c_0 les $\mathcal{O}$-bornés sont les bornés.

Dans l'attente d'un tel résultat, il nous faut chercher ailleurs une justification de la $\mathcal{O}$-bornologie. Pour le moment il faut se contenter de résultats du genre suivant :

Soient $1 \leq p < q \leq +\infty$. Soit ${}_q\ell_p$ l'espace ℓ_p muni de la norme ℓ_q .

Soit K un compact de ${}_q\ell_p$, $\hat{K}$ son enveloppe convexe par rapport aux fonctions analytiques sur ${}_q\ell_p$, $\bar{\hat{K}}$ son adhérence dans ℓ_q . La réunion de tous les $\bar{\hat{K}}$ contient $\ell_p^+ = \bigcap_{r > p} \ell_r$.

En d'autres termes, toute fonction analytique au voisinage de ${}_q\ell_p$ se prolonge à ℓ_p^+ .

Cet énoncé répond négativement à la question suivante posée dans [2] : Soit E un e.l.c., K un compact, $\hat{K}$ est-il compact ?

Ce résultat est démontré dans [4] .

V. MORALE

Le lecteur avisé aura sans peine décelé, tout au long de ces deux exposés, la forte empreinte du Professeur André MARTINEAU. Je lui ai exprimé ma gratitude pour tout ce que je lui dois.

Je tiens à remercier ici Louis BOUTET DE MONVEL dont le concours m'a été très utile pour la mise au point des exposés.

BIBLIOGRAPHIE

[1] G. COEURÉ, Thèse (à paraître)

[2] A. HIRSCHOWITZ, Remarques sur les ouverts d'holomorphie d'un produit dénombrable de droites, Ann. Inst. Fourier 19 (1969), fasc. 1, 219-229.

[3] A. HIRSCHOWITZ, Sur le non-plongement des variétés analytiques banachiques réelles, C. R. Acad. Sci. Paris, Sér. A-B 269 (1969), A 844 - A 846.

[4] A. HIRSCHOWITZ, Sur les suites de fonctions analytiques, (à paraître aux Ann. Inst. Fourier).

[5] A. MARTINEAU, Sur la topologie des espaces de fonctions holomorphes, Math. Ann. 163 (1966), 62-88.

[6] L. NACHBIN, Topology on Spaces of Holomorphic Mappings, Springer-Verlag, 1969, Ergebnisse der Mathematik, band 47.

[7] H.H. SCHAEFER, Topological Vector Spaces, The Macmillan Co., 1966.

Séminaire P. LELONG
(Analyse)
10e année, 1969/70 7 Janvier 1970

INTRODUCTION À LA THÉORIE COHOMOLOGIQUE DES RÉSIDUS

par François N O R G U E T

On n'expose ici qu'un cadre cohomologique pour la théorie des résidus, dans le cas le plus simple où l'on exclut les singularités. La formule du résidu est naturellement absente, remplacée par des propriétés de courants. Les résultats bien connus et déjà publiés en détails sont indiqués brièvement. La théorie des d"-résidus n'a pas encore été développée systématiquement ; on précise une de ses utilisations; la théorie des valeurs au bord n'est pas abordée.

Pour les résultats inédits comme pour un exposé sur les développements d'intégrales en séries convergentes, on renvoie le lecteur à des mémoires ou exposés prochains. Pour la théorie des valeurs au bord, voir [8] .

TABLE DES MATIÈRES

A. RÉSIDUS SIMPLES

0. - INTRODUCTION

Dans ce qui suit, on désigne par Y un espace topologique, par Z un sous-ensemble localement fermé (i.e. intersection d'un ouvert et d'un fermé) de X, et par $\mathcal{F}$ un faisceau de groupes abéliens sur Y.

La cohomologie de Y à supports dans Z se calcule à l'aide de la suite spectrale

$$H_Z^*(Y, \mathcal{F}) \Longleftarrow E_2^{\alpha,\beta} = H^\alpha(Y, \mathcal{H}_Z^\beta(\mathcal{F})) = H^\alpha(\bar{Z}, \mathcal{H}_Z^\beta(\mathcal{F}))$$

où $\mathcal{H}_Z^\beta(\mathcal{F})$ est le faisceau associé au préfaisceau

$$U \rightsquigarrow H^\beta_{Z\cap U}(U, \mathcal{F}|U) \qquad \forall \text{ouvert } U \subset X \ .$$

Si Z est ouvert, on a un isomorphisme canonique

$$H_Z^r(Y, \mathcal{F}) \approx H^r(Z, \mathcal{F}) \qquad \text{pour } r \geqslant 0 \ .$$

Si Z est fermé, on a un isomorphisme canonique

$$\mathcal{H}_Z^r(\mathcal{F}) \approx \mathcal{H}_{Y-Z}^{r-1}(\mathcal{F}) \qquad \text{pour } r \geqslant 2$$

et une suite exacte

$$0 \to \mathcal{H}_Z^0(\mathcal{F}) \to \mathcal{F} \to \mathcal{H}_{Y-Z}^{\bullet}(\mathcal{F}) \to \mathcal{H}_Z^1(\mathcal{F}) \to 0$$

Si Z est localement fermé et $\mathcal{F}$ flasque, on a

$$H_Z^r(Y, \mathcal{F}) = 0 \quad \text{et} \quad \mathcal{H}_Z^r(\mathcal{F}) = 0 \quad \text{pour } r \neq 0 \ .$$

Réciproquement, si $H_Z^1(Y, \mathcal{F}) = 0$ pour tout fermé Z de Y, alors $\mathcal{F}$ est flasque.

Soit maintenant X un sous-ensemble ouvert de Y, et $S = \overline{X} - X$; on a la suite exacte

$$(1) \quad \ldots \longrightarrow H^r_S(Y, \mathcal{F}) \xrightarrow{i} H^r_{\overline{X}}(Y, \mathcal{F}) \xrightarrow{\sigma} H^r(X, \mathcal{F}) \xrightarrow{\delta} H^{r+1}_S(Y, \mathcal{F}) \longrightarrow \ldots$$

Ces notions sont classiques (cf. [6] par exemple).

Si nous considérons une résolution flasque

$$\mathcal{R}: \; 0 \longrightarrow \mathcal{F} \longrightarrow \mathcal{R}^0 \xrightarrow{d^0} \mathcal{R}^1 \longrightarrow \ldots \xrightarrow{d^{p-1}} \mathcal{R}^p \xrightarrow{d^p} \mathcal{R}^{p+1} \longrightarrow \ldots$$

de $\mathcal{F}$, les homomorphismes de la suite exacte ci-dessus sont induits respectivement par :

i) l'injection naturelle $\Gamma_S(Y, \mathcal{R}^r) \longrightarrow \Gamma_{\overline{X}}(Y, \mathcal{R}^r)$

ii) l'application de restriction $\Gamma_{\overline{X}}(Y, \mathcal{R}^r) \longrightarrow \Gamma(X, \mathcal{R}^r)$

iii) l'opération qui consiste à prolonger (si c'est possible) un $\xi \in \Gamma(X, \mathcal{R}^r)$ en un $\overline{\xi} \in \Gamma_{\overline{X}}(Y, \mathcal{R}^r)$ et à prendre $d^r \overline{\xi}$.

Une partie de ce qui suit consiste, sous des hypothèses plus précises, à exprimer concrètement $H^r_S(Y, \mathcal{F})$ et à calculer $H^r(X, \mathcal{F})$ à l'aide d'une résolution $\mathcal{R}$ acyclique non nécessairement flasque et d'un sous-espace aussi petit que possible de $\Gamma(X, \mathcal{R}^r)$.

I. - VARIÉTÉ ET SOUS-VARIÉTÉ C^∞, ORIENTÉES CAS OÙ $\mathcal{F}$ EST LE FAISCEAU CONSTANT C

On suppose que Y est une variété C^∞ de dimension n, S une sous-variété de codimension m, et $X = Y - S$.

1. - Résultats généraux. Un calcul aisé de suite spectrale

([6] , p. 13) prouve l'existence d'un isomorphisme canonique

(2) $$H_S^{r+m}(Y, \mathbb{C}) \approx H^r(S, \mathbb{C}) ;$$

$H_S^{r+m}(Y, \mathbb{C})$ est canoniquement isomorphe à l'espace de d-cohomologie des courants dans Y à support dans S ; à la classe de d-cohomologie d'une forme différentielle ψ sur S, l'isomorphisme (2) associe la classe du courant $\{S\} \wedge \psi$, $\{S\}$ désignant le courant d'intégration sur S. Inversement, il existe ([7] , p. 107) un voisinage fermé V de S, bordé par une sous-variété B de classe C^∞, et une rétraction ρ de V sur S, de classe C^∞, réalisant une fibration de V en boules, et une fibration induite de B en sphères ; l'isomorphisme (2) est induit(de gauche à droite) par l'application ρ_* (image directe des courants).

La suite exacte (1) et l'isomorphisme (2) fournissent la suite exacte

$$\ldots \longrightarrow H^r(Y,\mathbb{C}) \xrightarrow{\alpha} H^r(X,\mathbb{C}) \xrightarrow{r} H^{r-m+1}(S,\mathbb{C}) \xrightarrow{\delta} H^{r+1}(Y,\mathbb{C}) \longrightarrow \ldots$$

appelée suite exacte des résidus, et qui peut être obtenue aussi par d'autres méthodes ([7] , [9] , [10]) ; α est obtenu par restriction ; r est l'homomorphisme résidu ; $\delta \circ r = 0$ est le théorème sur la somme des résidus; la réalisation de δ à l'aide de formes différentielles a été donnée dans [1] , [7] et [14] ; elle conduit aux résultats suivants :

<u>Théorème 1</u> ([1] , [7] , [14]). - <u>Tout élément de</u> $H^r(X,\mathbb{C})$ <u>contient une forme différentielle à singularités simples sur</u> S.

On appelle singularités simples des singularités du type de MARTINELLI à l'ordre 1 ; si S est sous-variété principale d'une variété analytique complexe Y, ce sont des singularités polaires à l'ordre 1.

<u>Corollaire 1. - Tout courant fermé dans</u> X <u>est cohomologue, dans</u> X, <u>à la restriction d'un courant défini dans</u> Y.

L'homomorphisme δ (resp. r) est induit par l'opération qui consiste à prolonger en $\tilde{t}$ dans Y un courant t fermé dans X et prolongeable, et à prendre $d\tilde{t}$ (resp. $\rho_* \, d\tilde{t}$) ; si t est une forme différentielle à singularités polaires sur S, on connaît un prolongement canonique $\tilde{t}$. L'homomorphisme r est encore induit par l'opération qui consiste à restreindre à B une forme différentielle φ définie et fermée dans X, et à prendre $(\rho|B)_*(\varphi|B)$ (intégration sur les fibres).

<u>Corollaire 2</u> ([14]). - <u>Supposons que</u> S <u>est une sous-variété analytique complexe d'une variété analytique complexe</u> Y. <u>Si</u> a, b, c <u>sont des éléments de</u> $H^*(X, \mathbb{C})$ <u>, de degrés respectifs</u> p, q, r, <u>on a</u>

$$(-1)^{p(r+1)} r(a) \wedge r(b \wedge c) + (-1)^{q(p+1)} r(b) \wedge r(c \wedge a) + (-1)^{r(q+1)} r(c) \wedge r(a \wedge b) = 0.$$

En particulier, si r(c) = 1, on obtient une relation donnant le résidu d'un produit ([7] , p. 135)

$$r(a \wedge b) = r(a) \wedge r(c \wedge b) + r(a \wedge c) \wedge r(b) ,$$

puis, par récurrence et en désignant par $(a_i)_{1 \leqslant i \leqslant k}$ une suite d'éléments de $H^*(X, \mathbb{C})$,

$$(3) \quad r\Big(\bigwedge_{1 \leqslant i \leqslant k} a_i\Big) = \sum_{1 \leqslant i \leqslant k} \Big(\bigwedge_{1 \leqslant j < i} r(a_j \wedge c)\Big) \wedge r(a_i) \wedge \Big(\bigwedge_{i < j \leqslant k} r(c \wedge a_j)\Big) ;$$

cette dernière hypothèse est réalisée en particulier si S a des équations globales holomorphes minimales en nombre égal à sa codimension; il suffit alors de prendre pour c le noyau de MARTINELLI construit à l'aide de ces équations.

2. - Résultats particuliers à la codimension un . Si Y est analytique complexe, et si S en est sous-variété principale, on trouve la théorie des résidus de LERAY [7] , qui se développe à partir du

Théorème 2. - Toute forme différentielle φ , C^{∞} et fermée dans X, admettant sur S des pôles à l'ordre 1, s'écrit, au voisinage de tout point x de S, sous la forme $\varphi = \frac{ds}{s} \wedge \psi + \theta$, où s est une équation locale holomorphe minimale de S , ψ et θ sont C^{∞} au voisinage de x ; la restriction de ψ à S est la restriction à un voisinage de x d'une forme globale sur S, fermée et ne dépendant que de φ .

C'est cette forme que LERAY appelle forme-résidu de φ ; l'homomorphisme r est induit par l'opération qui, à φ , associe sa forme-résidu. Le théorème ci-dessus est un cas particulier de résultats sur la structure des formes différentielles semi-méromorphes.

II. - VARIÉTÉ ET SOUS-VARIÉTÉ ANALYTIQUES COMPLEXES

On suppose que Y est une variété analytique complexe de dimension complexe n, et que S est une sous-variété analytique complexe de Y, de codimension complexe d + 1 , $d \geqslant 1$, en chacun de ses points. Soit Ω^p(resp. $\mathcal{Z}^p$) le faisceau des germes de formes différentielles de type (p, o) holomorphes (resp. C^{∞} et fermées) dans Y.

1. - <u>Cohomologie à coefficients dans Ω^p</u>. Le faisceau des germes de formes différentielles à coefficients hyperfonctions, muni de la différentielle d", est une résolution flasque de Ω^p ([15] , p. 71), permettant d'interpréter la suite exacte de l'Introduction. Les méthodes de I.1. semblent se généraliser, conduisant à la

<u>Conjecture.</u> - <u>Tout élément de</u> $H^r(X, \Omega^p)$ <u>contient une forme différentielle somme d'une série de formes à singularités polaires sur</u> S.

On dit ici qu'une forme φ, définie dans X, a une singularité polaire à l'ordre $|\alpha|$ sur S si elle s'écrit, au voisinage de tout point x de S,

$$\varphi = K_\alpha \wedge \psi + \theta$$

où ψ et θ sont C^∞ au voisinage de x et

$$K_\alpha = \Big(\sum_{1\leq i\leq d+1} x_i^{\alpha_i}\bar{x}_i^{\alpha_i}\Big)^{-d-1}\Big(\bigwedge_{1\leq i\leq d+1} dx_i\Big)\sum_{1\leq i\leq d+1}(-1)^i\bar{x}_i^{\alpha_i}\bigwedge_{\substack{1\leq j\leq d+1\\ j\neq i}} d\big(\bar{x}_i^{\alpha_i}\big),$$

avec $\alpha = (\alpha_i)_{1\leq i\leq d+1} \in \mathbb{N}^{d+1}$, $(x_i)_{1\leq i\leq d+1}$ étant un système d'équations locales holomorphes minimales de S , et $|\alpha| = \sum_{1\leq i\leq d+1}\alpha_i$.

Dans la suite spectrale

$$H_S^*(Y, \Omega^p) \Longleftarrow E_2^{\alpha,\beta} = H^\alpha(Y, \mathcal{H}_S^\beta(\Omega^p))$$

on a ([4] , Lemme 10) $\mathcal{H}_S^\beta(\Omega^p) = 0$ et par conséquent $E_2^{\alpha,\beta} = 0$ pour $\beta \neq d+1$; donc

$$H_S^r(Y, \Omega^p) \approx \begin{cases} 0 & \text{si } r \leq d \\ H^{r-d-1}(S, \mathcal{H}_S^{d+1}(\Omega^p)) & \text{si } r \geq d+1 \end{cases}$$

où

$$\mathcal{H}_S^{d+1}(\Omega^p) \approx \mathcal{H}_X^{d}(\Omega^p) .$$

La suite exacte (1) fournit donc les isomorphismes

$$H^r(Y,\Omega^p) \xrightarrow{\sim} H^r(X,\Omega^p) , \quad o \leqslant r < d$$

et la suite exacte

$$0 \longrightarrow H^d(Y,\Omega^p) \longrightarrow H^d(X,\Omega^p) \longrightarrow H^\circ(S,\mathcal{H}_S^{d+1}(\Omega^p)) \longrightarrow H^{d+1}(Y,\Omega^p) \longrightarrow \dots \longrightarrow$$
$$H^r(Y,\Omega^p) \longrightarrow H^r(X,\Omega^p) \longrightarrow H^{r-d}(S,\mathcal{H}_S^{d+1}(\Omega^p)) \longrightarrow \dots$$

2. - <u>Cohomologie à coefficients dans</u> $\mathcal{Z}^p$. Dans la suite spectrale

$$H_S^*(Y,\mathcal{Z}^p) \Longleftarrow E_2^{\alpha,\beta} = H^\alpha(Y,\mathcal{H}_S^\beta(\mathcal{Z}^p))$$

on a $\mathcal{H}_S^\beta(\mathcal{Z}^p) = 0$ et par conséquent $E_2^{\alpha,\beta} = 0$ sauf dans les deux cas suivants :

i) $\beta = d + 1$

ii) $\beta > d + 1$ et $\beta + p = 2d + 2$; dans ce second cas on a $\mathcal{H}_S^\beta(\mathcal{Z}^p) \approx \mathbb{C}$; donc ([4] , n° 10) ,

$$H_S^r(Y,\mathcal{Z}^p) \approx \begin{cases} 0 & \text{si } o \leqslant r \leqslant d \\ H^{r-d-1}(S,\mathcal{H}_S^{d+1}(\mathcal{Z}^p)) & \begin{cases} \text{si } d+1 \leqslant \min(p,r) \\ \text{ou si } d+1 \leqslant r \leqslant 2d+1-p \end{cases} \end{cases}$$

La suite exacte (1) fournit donc les isomorphismes

$$H^r(Y,\mathcal{Z}^p) \xrightarrow{\sim} H^r(X,\mathcal{Z}^p) \quad \text{pour} \quad o \leqslant r < d$$

et la suite exacte

$$0 \longrightarrow H^d(Y,\mathcal{Z}^p) \longrightarrow H^d(X,\mathcal{Z}^p) \longrightarrow H^\circ(S,\mathcal{H}_S^{d+1}(\mathcal{Z}^p)) \longrightarrow$$
$$H^{d+1}(Y,\mathcal{Z}^p) \longrightarrow H^{d+1}(X,\mathcal{Z}^p) \longrightarrow \dots$$

3. - Relation entre les suites exactes de 1 et 2

De la suite exacte

$$0 \longrightarrow \mathcal{Z}^p \longrightarrow \Omega^p \longrightarrow \mathcal{Z}^{p+1} \longrightarrow 0$$

résulte le diagramme

$$\begin{array}{ccccccc}
0 \longrightarrow & H^{d-1}(Y,\mathcal{Z}^{p+1}) & \longrightarrow & H^{d-1}(X,\mathcal{Z}^{p+1}) & \longrightarrow & 0 \\
& \downarrow & & \downarrow & & \downarrow \\
0 \longrightarrow & H^{d}(Y,\mathcal{Z}^{p}) & \longrightarrow & H^{d}(X,\mathcal{Z}^{p}) & \longrightarrow & H^{\circ}(S,\mathcal{H}^d_X(\mathcal{Z}^p)) \\
& \downarrow & & \downarrow & & \downarrow j \\
0 \longrightarrow & H^{d}(Y,\Omega^{p}) & \longrightarrow & H^{d}(X,\Omega^{p}) & \xrightarrow{\alpha} & H^{\circ}(S,\mathcal{H}^d_X(\Omega^p)) \\
& \downarrow & & \downarrow & & \downarrow \\
0 \longrightarrow & H^{d}(Y,\mathcal{Z}^{p+1}) & \longrightarrow & H^{d}(X,\mathcal{Z}^{p+1}) & \longrightarrow & H^{\circ}(S,\mathcal{H}^d_X(\mathcal{Z}^{p+1}))
\end{array}$$

où les lignes et les colonnes sont exactes , et les carrés commutatifs.

Soit

$$L^d(X,\Omega^p) = \alpha^{-1}(\operatorname{Im} j) \quad ,$$

c'est-à-dire ([4] , fin du n° 9) l'ensemble des éléments de $H^d(X,\Omega^p)$ dont l'image dans $(\mathcal{H}^d_X(\Omega^p))_x$ appartient en fait à $(\mathcal{H}^d_X(\mathcal{Z}^p))_x$. On a alors les deux suites exactes

$$\begin{array}{ccccccc}
& & H^{d-1}(X,\mathcal{Z}^{p+1}) & \dashrightarrow & & & \\
& & \downarrow & & \searrow & & \\
H^d(X,\Omega^{p-1}) & \longrightarrow & H^d(X,\mathcal{Z}^p) & \longrightarrow & H^{d+1}(X,\mathcal{Z}^{p-1}) & \longrightarrow & H^{d+1}(X,\Omega^{p-1}) \\
& \overset{d}{\searrow} & \downarrow & & & & \\
& & L^d(X,\Omega^p) & & & & \\
& & \downarrow & & & & \\
& & H^d(Y,\mathcal{Z}^{p+1}) & & & &
\end{array}$$

d'où on déduit :

Théorème 3. - Les deux complexes

$$H^d(X, \Omega^{p-1}) \xrightarrow{d} L^d(X, \Omega^p) \longrightarrow H^d(Y, \mathcal{Z}^{p+1})$$

$$H^{d-1}(X, \mathcal{Z}^{p+1}) \longrightarrow H^{d+1}(X, \mathcal{Z}^{p-1}) \longrightarrow H^{d+1}(X, \Omega^{p-1})$$

ont des homologies isomorphes (en leurs seconds termes).

Si Y est compacte, X est fortement (n-d-1)-pseudoconcave ([4] , Proposition 7). D'où :

Corollaire 3. - Si Y est compacte et X fortement d-pseudoconvexe, on a

$$\dim_{\mathbb{C}} \frac{L^d(X, \Omega^p)}{dH^d(X, \Omega^{p-1})} < +\infty .$$

En effet , on a alors $\dim_{\mathbb{C}} H^d(Y, \mathcal{Z}^{p+1}) < +\infty$, et l'hypothèse de pseudoconvexité entraîne $\dim_{\mathbb{C}} H^{d+1}(X, \mathcal{Z}^{p-1}) < +\infty$ (vu en outre la compacité de Y et de S).

Si Y et S sont algébriques projectives (compactes), on désigne par $C_d^+(X)$ l'espace analytique des cycles analytiques compacts de dimension d de X ; l'application

$$\rho : H^d(X, \Omega^d) \longrightarrow H^\circ(C_d^+(X), \Omega^\circ) : \xi \rightsquigarrow \int_c \xi \ , \ c \in C_d^+(X)$$

définit une application

$$\tilde{\rho} : \frac{H^d(X, \Omega^d)}{dH^d(X, \Omega^{d-1})} \longrightarrow H^\circ(C_d^+(X), \Omega^\circ) \ ;$$

pour la définition et les propriétés de $C_d^+(X)$ et de ρ, voir [2] et [3]. Soit $H_b^\circ(C_d^+(X), \Omega^\circ)$ le sous-ensemble de $H^\circ(C_d^+(X), \Omega^\circ)$ constitué par les fonctions bornées sur chaque composante connexe de $C_d^+(X)$; dans ([4] , n° 11, Preuve du Théorème 3), on établit la relation

$$\mathcal{C}^{-1}\ (H_b^\circ(C_d^+(X),\Omega^\circ)) \subset L^d(X,\Omega^d);$$

on a donc

Corollaire 4. - Si Y et S sont algébriques projectives (compactes), et si X est fortement d-pseudoconvexe, on a

$$\dim_{\mathbb{C}} \tilde{\mathcal{C}}^{-1}(H_b^\circ(C_d^+(X),\Omega^\circ)) < +\infty .$$

Remarque. - Y et S étant algébriques projectives, il suffit que S soit une intersection complète pour que X soit fortement d-pseudoconvexe ([4]).

Pour des variétés particulières, il est évidemment possible d'expliciter complètement les résultats ci-dessus; voir par exemple [5] .

B. RÉSIDUS COMPOSÉS

On prend comme faisceau $\mathcal{F}$ le faisceau constant $\mathbb{C}$, et pour la définition et les propriétés formelles des résidus composés, on renvoie à [7] , [9] , [10] et [16] .

Soit Y une variété analytique complexe de dimension complexe n, et soit $(S_i)_{1 \leq i \leq m}$ une famille ordonnée de sous-variétés analytiques complexes de Y, non singulières et en position générale; soit $X = Y - \bigcup_{1 \leq i \leq m} S_i$, $S = \bigcap_{1 \leq i \leq m} S_i$. On désigne par r^m le résidu composé, et par $\mathrm{Rés}^m \varphi$ le résidu composé de la classe de cohomologie de la forme différentielle φ.

I. RÉSULTATS GÉNÉRAUX

Soit $(a_i)_{o \leqslant i \leqslant m+2}$ une famille d'éléments de $H^*(X, \mathbb{C})$, de degrés respectifs $(p_i)_{o \leqslant i \leqslant m+2}$; pour toute permutation $(i_\alpha)_{1 \leqslant \alpha \leqslant m+2}$ des m+2 premiers nombres entiers positifs, on pose

$$\bigwedge_{1 \leqslant \alpha \leqslant m+2} a_{i_\alpha} = c^{1 \ldots m+2}_{i_1 \ldots i_{m+2}} \bigwedge_{1 \leqslant i \leqslant m+2} a_i$$

Théorème 4. - on a les relations

$$(4_m) \quad \sum_{1 \leqslant k \leqslant m+1} \sum_{\substack{1 = i_1 < i_2 < \ldots < i_k \leqslant m+2 \\ 1 < i_{k+1} < \ldots < i_{m+2} \leqslant m+2}} \pm\, r^m\Big(\bigwedge_{1 \leqslant \alpha \leqslant k} a_{i_\alpha}\Big) \wedge r^m\Big(\bigwedge_{k+1 \leqslant \beta \leqslant m+2} a_{i_\beta}\Big) = 0$$

où

$$\pm = (-1)^{k+m \sum_{2 \leqslant \alpha \leqslant k} p_{i_\alpha}} c^{1 \ldots m+2}_{i_1 \ldots i_{m+2}}$$

pour $m > 0$ et

$$(5_m) \sum_{o \leqslant k \leqslant m+1} \sum_{\substack{0 = i_o < \ldots < i_k \leqslant m+1 \\ 1 \leqslant i_{k+1} < \ldots < i_{m+2} = m+2}} \pm\, r^m\Big(\bigwedge_{o \leqslant \alpha \leqslant k} a_{i_\alpha}\Big) \wedge r^m\Big(\bigwedge_{k+1 \leqslant \beta \leqslant m+2} a_{i_\beta}\Big) = 0$$

où

$$\pm = (-1)^{k+m \sum_{1 \leqslant \alpha \leqslant k} p_{i_\alpha}} c^{o \ldots m+2}_{i_o \ldots i_{m+2}}$$

pour $m \geqslant o$.

On établit ce résultat par récurrence sur m ; en écrivant (4_m) pour les suites $a_o, \ldots, a_{m+2}$ et $a_o, a_2, \ldots, a_{m+2}, a_1$ et en additiontionnant, on obtient (5_m), prouvant que (4_m) entraîne (5_m) pour $m > o$; en utilisant, localement, la relation (3), on prouve que (5_{m-1}) entraîne (4_m) pour $m > o$. La relation (4_m) se réduit à celle du Corollaire 2 pour $m = 1$.

Si, pour $1 \leqslant i \leqslant m$, a_i est la restriction à X d'un élément de $H^*(Y - S_i, \mathbb{C})$ de résidu égal à 1, on déduit de (4_m), en posant $a_{m+1}=a$, $a_{m+2}=b$ et $c_i = a_i$ pour $1 \leqslant i \leqslant m$, la relation

$$r^m(a \wedge b) = \sum_{o \leqslant k \leqslant m} \sum_{\substack{1 \leqslant i_1 < \dots < i_k \leqslant m \\ 1 \leqslant i_{k+1} < \dots < i_m \leqslant m}} \delta^{1 \dots m}_{i_1 \dots i_m} \, r^m\Big(a \wedge \big(\bigwedge_{k+1 \leqslant \beta \leqslant m} c_{i_\beta}\big)\Big) \wedge$$

$$r^m\Big(\big(\bigwedge_{1 \leqslant \alpha \leqslant k} c_{i_\alpha}\big) \wedge b\Big)$$

qui devient (45.2) de [7] lorsque les S_i sont de codimension un. De cette dernière formule, on peut évidemment déduire par récurrence une formule donnant le résidu composé d'un produit d'un nombre quelconque de termes.

II. RÉSULTATS PARTICULIERS A LA CODIMENSION UN

On suppose que les S_i sont de codimension complexe un. L'ensemble $\mathbb{N}^m$ des suites $q = (q_i)_{1 \leqslant i \leqslant m}$ de nombres réels $\geqslant 0$ est muni de sa structure naturelle de $\mathbb{N}$-module; on désigne par $\mathbb{1}$ l'élément de $\mathbb{N}^m$ dont toutes les composantes sont égales à 1. On pose

$$|q| = \sum_{1 \leq i \leq m} q_i \quad , \quad q! = \prod_{1 \leq i \leq m} q_i!$$

On considère des suites croissantes I d'éléments de l'intervalle $[1, m]$ de $\mathbb{N}$, et on désignera alors par q_I la suite partielle $(q_i)_{i \in I}$.

1. - Sans hypothèses d'équations globales. On désigne par $\mathcal{S}_i$ l'espace fibré en droites associé au diviseur S_i ; on pose $\mathcal{S} = (\mathcal{S}_i)_{1 \leq i \leq m}$; soit une famille $s = (s_i)_{1 \leq i \leq m}$, où s_i est une section holomorphe de $\mathcal{S}_i$, s'annulant au premier ordre sur S_i et ne s'annulant pas ailleurs. Pour tout $q \in \mathbb{N}^m$, on pose

$$\mathcal{S}^q = \bigotimes_{1 \leq i < m} \mathcal{S}_i^{q_i} \quad \text{et} \quad s^q = \prod_{1 \leq i \leq m} s_i^{q_i}$$

où $\mathcal{S}_i^{q_i}$ (resp. $s_i^{q_i}$) désigne la puissance tensorielle q_i-ème de $\mathcal{S}_i$ (resp. s_i) pour $q_i > o$, et l'espace fibré trivial (resp. sa section unité) pour $q_i = o$. Pour toute suite I du type ci-dessus, on pose

$$s_I = (s_i)_{i \in I} \quad , \quad s_I^{q_I} = \prod_{i \in I} s_i^{q_i} \quad .$$

Définition. - Soit ω une forme différentielle C^∞ dans Y, à valeurs dans $\mathcal{S}^{1+q}$, et telle que la forme différentielle $\frac{\omega}{s^{1+q}}$ soit fermée dans X , on pose

$$D_{1+q}\,\omega = \frac{1}{q!} \left. \frac{d^{|q|}\omega}{ds^{1+q}} \right|_S = \text{Rés}^m \frac{\omega}{s^{1+q}}$$

Propriétés : i) Pour tout $r \in \mathbb{N}^m$, on a

$$D_{1+q}\omega = D_{1+q+r}\,(s^r \omega).$$

ii) Une permutation paire (resp. impaire) des S_i multiplie D_{1+q} par + 1 (resp. - 1). Cela justifie la notation

$$\frac{d^{|q|}\omega}{ds^{1+q}}\Bigg|_S = \frac{d^{|q|}\omega}{\bigwedge\limits_{1\leq i\leq m} ds_i^{1+q_i}}\Bigg|_S$$

ii) Si χ est une forme C^∞ fermée dans X, on a

$$D_{1+q}(\omega \wedge \chi) = (D_{1+q}\,\omega)\wedge (h\,|_S)$$

où h désigne la classe de cohomologie de χ .

Pour ces trois propriétés, voir [7] .

iv) Soit $(q^j)_{1\leq j\leq m+2}$ une suite d'éléments de $\mathbb{N}^m$, et soit $(\omega_j)_{1\leq j\leq m+2}$ une famille de formes différentielles C^∞ dans Y, à valeurs dans $\mathcal{S}^{1+q}$, de degrés respectifs p_j, telles que $\dfrac{\omega_j}{s^{1+q^j}}$ soit fermé pour $1\leq j\leq m+2$. Le théorème 4 fournit la relation

$$\sum_{1\leq k\leq m+1}\ \sum_{\substack{1=j_1<j_2<\dots<j_k\leq m+2\\ 1\leq j_{k+1}<\dots<j_{m+2}\leq m+2}} \pm \Big(D_{\sum_{1\leq\alpha\leq k}(q^{j_\alpha}+1)}\big(\bigwedge_{1\leq\alpha\leq k}\omega_{j_\alpha}\big)\Big)\wedge$$

$$\Big(D_{\sum_{k+1\leq\beta\leq m+2}(q^{j_\beta}+1)}\big(\bigwedge_{k+1\leq\beta\leq m+2}\omega_{j_\beta}\big)\Big) = 0$$

où $\pm = (-1)^{k+m\sum_{2\leq\alpha\leq k} p_{j_\alpha}}\, c^{1\ \dots\ m+2}_{i_1\ \dots\ i_{m+2}}$.

v) Les symboles de dérivation introduits ci-dessus interviennent dans des développements d'intégrales en séries convergentes, qui seront exposés ailleurs, et dont on peut déduire certains résultats établis dans ([7] , chapitre 8).

2. - <u>Avec hypothèses d'équations globales.</u> On suppose que les s_i introduits en 1 sont des fonctions, et on pose $ds = \bigwedge_{1 \leq i \leq m} ds_i$.

a) <u>Dérivées partielles</u>. <u>Définition.</u> Soit ω une forme différentielle C^{∞} dans Y, vérifiant $ds \wedge d\omega = 0$; on pose

$$\left.\frac{\partial^{|q|}\omega}{\partial s^q}\right|_S = \left.\frac{d^{|q|}(ds \wedge \omega)}{ds^{1+q}}\right|_S = \frac{1}{q!}\,\text{Rés}^m\,\frac{ds \wedge \omega}{s^{1+q}}$$

<u>Propriétés.</u> i) Une permutation des s_i ne modifie pas

$$\left.\frac{\partial^{|q|}\omega}{\partial s^q}\right|_S$$

, ce qui justifie la notation

$$\left.\frac{\partial^{|q|}\omega}{\partial s^q}\right|_S = \left.\frac{\partial^{|q|}\omega}{\prod_{1 \leq i \leq m} \partial s_i^{q_i}}\right|_S$$

ii) La division des formes différentielles extérieures fournit un algorithme simple (construction de GELFAND et SILOV) de calcul de

$$\frac{\partial^{|q|}\omega}{\partial s^q}$$

; on en déduit les trois propriétés suivantes :

iii) Si ω est une fonction, on retrouve la dérivée au sens usuel.

iv) Le changement de variables s'effectue selon les mêmes règles que pour les dérivées usuelles.

v) Si ω et Π sont deux formes différentielles vérifiant les conditions de la définition, on a la formule de LEIBNITZ

$$\frac{1}{p!}\left.\frac{\partial^{|p|}(\omega \wedge \Pi)}{\partial s^p}\right|_S = \sum_{q+r=p} \frac{1}{q!}\left.\frac{\partial^{|q|}\omega}{\partial s^q}\right|_S \wedge \frac{1}{r!}\left.\frac{\partial^{|r|}\Pi}{\partial s^r}\right|_S ,$$

d'où résulte

$$\text{Rés}^m \frac{ds\wedge\omega\wedge\pi}{s^{1+p}} = \sum_{q+r=p} \text{Rés}^m \frac{ds\wedge\omega}{s^{1+q}} \wedge \text{Rés}^m \frac{ds\wedge\pi}{s^{1+r}}$$

puis, pour $\ell \leqslant m$, en posant $[1, \ell] = L$,

6) $$\text{Rés}^m \frac{ds_L\wedge\omega\wedge\pi}{s^{1+p}} = \sum_{\substack{q+r=p \\ I\cup J=[\ell+1,\, m]}} \delta^{[\ell+1,\, m]}_{I\,,\,J} \text{Rés}^m \frac{ds_L\wedge ds_I\wedge\omega}{s^{1+q}} \wedge \text{Rés}^m \frac{ds_L\wedge ds_J\wedge\pi}{s^{1+r}}$$

où la sommation est étendue à tous les couples (I, J) de suites partielles croissantes complémentaires de $[\ell + 1,\, m] \subset \mathbb{N}$, δ est un indice de KRONECKER, et $ds_I = \bigwedge_{i\in I} ds_i$, etc...

Pour ces propriétés, voir ([7] , § 48, 49, 50 et p. 146-147).

vi) Comme en 1, les symboles de dérivation étudiés interviennent dans des développements d'intégrales en séries convergentes (voir [11]; voir [7] , [12] , [13] pour les applications), qui seront exposés ailleurs en détails.

b) <u>Symboles mixtes</u>. Soit $(T_i)_{1\leqslant i\leqslant \ell}$ une nouvelle famille de sous-variétés analytiques complexes de Y, de codimension un , soient $\mathcal{E}_i$ les espaces fibrés associés, et t_i une section holomorphe de $\mathcal{E}_i$, s'annulant au premier ordre sur T_i et nulle part ailleurs; soit

$$T = \bigcap_{1\leqslant i\leqslant \ell} T_i \ .$$

Définition. Soit ω une forme différentielle C^∞ dans Y, à valeurs dans $\mathcal{E}^{1+u}$, vérifiant la condition

$$ds \wedge d\left(\frac{\omega}{t^{\mathbb{1}+u}}\right) = 0 \quad , \qquad u \in \mathbb{N}^{\ell} \; .$$

On pose

$$\left.\frac{\partial^{|q| + |u|}\omega}{\partial s^q \, dt^{\mathbb{1}+u}}\right|_{S\cap T} = \left.\frac{d^{|q|+|u|}(ds \wedge \omega)}{ds^{\mathbb{1}+q}\, dt^{\mathbb{1}+u}}\right|_{S\cap T} = p!u!\mathrm{Rés}^{m+n}\, \frac{ds \wedge \omega}{s^{\mathbb{1}+q}\, t^{\mathbb{1}+u}}$$

__Propriétés :__ i) Si $q = o$, $\left.\dfrac{\partial^{|q| + |u|}}{\partial s^q \, dt^{\mathbb{1}+u}}\right|_{S\cap T}$ est la restriction à $S \cap T$ de $\left.\dfrac{d^{|u|}\omega}{dt^{\mathbb{1}+u}}\right|_T$.

ii) La formule usuelle de changement de variables sur les s_i est valable.

On suppose maintenant , comme dans [7], que les t_i sont des fonctions. On pose $dt = \bigwedge_{1 \leqslant i \leqslant \ell} dt_i$.

iii) On a la relation

$$\left.\frac{\partial^{|p| + |q|}(d\,\omega)}{\partial s^p \, dt^{\mathbb{1}+q}}\right|_{S\cap T} = \sum_{1 \leqslant j \leqslant \ell} (-1)^{j-1} \left.\frac{\partial^{|p| + |q| + 1}\omega}{\partial s^p \partial t_j^{1+q_j} \bigwedge_{\substack{1\leqslant i \leqslant \ell \\ i \neq j}} dt_i^{1+q_i}}\right|_{S\cap T}$$

si le second membre est défini.

iv) Si les formes différentielles ω et π vérifient les conditions

$$ds \wedge d\, \frac{\omega}{t^{\mathbb{1}+q}} = 0 \qquad \text{et} \qquad ds \wedge d\, \frac{\pi}{t^{\mathbb{1}+r}} = 0 \quad ,$$

on obtient, par simple transcription de la relation (6), la formule de LEIBNITZ

$$\frac{1}{p!\,q!\,r!}\;\frac{\partial^{|p|+|q|+|r|}(\omega\wedge\pi)}{\partial s^{p}\,dt^{\mathbb{1}+q+r}}\Bigg|_{S\cap T} = \sum_{\substack{u+v=p\\ I\cup J=[1,\,\ell]}} \pm$$

$$\frac{1}{u!(\mathbb{1}+q)_I!\,q_J!}\;\frac{\partial^{|u|}\omega}{\partial s^{u}\;\partial t_I^{(\mathbb{1}+q)_I}\;dt_J^{(\mathbb{1}+q)_J}}\Bigg|_{S\cap T}\wedge$$

$$\frac{1}{v!(\mathbb{1}+r)_J!\,r_I!}\;\frac{\partial^{|v|}\pi}{\partial s^{v}\;\partial t_J^{(\mathbb{1}+r)_J}\;dt_I^{(\mathbb{1}+r)_I}}\Bigg|_{S\cap T}\,.$$

où $\pm$ = card I . degré ω . $\delta^{[1,\,\ell]}_{I,\,J}$,

la sommation étant étendue à tous les couples (I, J) de suites partielles croissantes complémentaires de $[1,\ell]\subset\mathbb{N}$.

Pour ces propriétés, voir [7] , p. 137, 139 et 145.

BIBLIOGRAPHIE

[1] - ASADA (A.). - Currents and residue exact sequences. J.Fac.Sci. Shinshu Univ., 3, p. 85-151, 1968.

[2] - ANDREOTTI (A.) et NORGUET (F.). - Problème de Levi et convexité holomorphe pour les classes de cohomologie. Annali Sc.Norm. Sup. Pisa, 20, p. 197-241, 1966.

[3] - ANDREOTTI (A.) et NORGUET (F.). - La convexité holomorphe dans l'espace analytique des cycles d'une variété algébrique. Annali Sc.Norm.Sup.Pisa, 21, p. 31-82, 1967.

[4] - ANDREOTTI (A.) et NORGUET (F.). - Cycles of algebraic manifolds and $\partial\bar{\partial}$ -cohomology, à paraître aux Annali Sc.Norm.Sup.Pisa.

[5] - BARLET (D.). - Thèse de 3e Cycle, à paraître.

[6] - GROTHENDIECK (A.). - Séminaire de Géométrie Algébrique, Exposé N° 1, I.H.E.S., Bures-sur-Yvette, 1962.

[7] - LERAY (J.). - Le calcul différentiel et intégral sur une variété analytique complexe (Problème de Cauchy, III). Bull.Soc.Math. France, 87, p. 81-180, 1959.

[8] - MARTINEAU (A.). - Distributions et valeurs au bord des fonctions holomorphes, Lisbonne, 1964, et Conférence donnée sous le même titre et rédigée par R. STORA, Prépublications de la R.C.P. N° 25, Volume 3, Strasbourg.

[9] - NORGUET (F.). - Dérivées partielles et résidus de formes différentielles sur une variété analytique complexe. Séminaire d'Analyse (P.LELONG), exposé n° 10, 1958-1959.

[10] - NORGUET (F.). - Sur la théorie des résidus. C.R.Acad.Sci.Paris, 248, p. 2057-2059, 1959.

[11] - NORGUET (F.). - Intégrales de formes différentielles extérieures non fermées, Rend. di Mat., 20, p. 355-372, 1961.

[12] - NORGUET (F.). - Résolution des systèmes de deux équations algébriques à l'aide de fonctions hypergéométriques. C.R.Acad.Sci. Paris, 254, p. 608-610, 1962.

[13] - NORGUET (F.). - Formules explicites pour la résolution des systèmes de deux équations algébriques à l'aide de fonctions hypergéométriques. C.R.Acad.Sci.Paris, 254, p. 801-802,1962.

[14] - NORGUET (F.). - Sur la cohomologie des variétés analytiques complexes et sur le calcul des résidus. C.R.Acad.Sci.Paris, 258, p. 403-405, 1964.

[15] - SCHAPIRA (P.). - Théorie des hyperfonctions. Lecture Notes in Mathematics, Springer-Verlag, Vol. 126, 1970.

[16] - SORANI (G.). - Sui residui delle forme differenziali di una varietà analitica complessa, Rend. di Mat. 21, p. 1-23, 1962.

Séminaire P.LELONG
(Analyse)
10e année, 1969/70

28 Janvier 1970

COURANTS RÉSIDUS DES FORMES SEMI-MÉROMORPHES

par Pierre DOLBEAULT

1.1. Soit g une fonction méromorphe sur un voisinage U d'un point P d'une surface de RIEMANN X, ayant pour seul pôle le point P ; supposons U assez petit pour qu'une coordonnée locale z, nulle en P, soit définie sur U ; alors g est holomorphe sur $U \setminus P$ et égale, au voisinage de P, à une série de LAURENT dont le coefficient du terme en z^{-1} est appelé le résidu α de g en P ; en fait α est un invariant de la forme différentielle méromorphe fermée $\omega = g(z)dz$.

Sur $U \setminus P$, la forme différentielle ω définit un courant $\underline{\omega}$ tel que, pour toute forme φ C^∞ à support compact dans $U \setminus P$

$$\underline{\omega}[\varphi] = \int_U \omega \wedge \varphi$$

Pour toute forme ψ C^∞ à support compact dans U , la <u>valeur principale de CAUCHY</u>

$$T[\psi] = \lim_{\varepsilon \to 0} \int_{|z| \geq \varepsilon} \omega \wedge \psi$$

définit un courant sur U dont la restriction à $U \setminus P$ est $\underline{\omega}$.

Si $d = d' + d''$ où d'' augmente le degré en $d\bar{z}$, on a :

$$dT = d''T = 2\pi i \alpha \, \delta_P + d'B$$

où δ_P est la mesure de DIRAC de support $\{P\}$ et B un courant à support dans $\{P\}$; si P est un pôle simple de g, on peut prendre $B = 0$.

1.2. Soit X une variété analytique complexe paracompacte , de dimension complexe n. On dit qu'une forme différentielle ω, définie sur X, est <u>méromorphe</u> si, en tout point, elle contient seulement des différentielles des coordonnées complexes locales et si ses coefficients sont des fonctions méromorphes de ces coordonnées ; une forme différentielle ω est dite <u>semi-méromorphe</u> sur X, si tout point $x \in X$ a un voisinage ouvert U tel que : $\omega|U = \frac{\alpha}{f}$ où α est une forme C^∞ et f une fonction holomorphe non identiquement nulle sur U ; $S = \{x \in U \mid f(x) = 0\}$ est appelé un <u>ensemble polaire de</u> ω <u>sur</u> U.

Si ω est fermée ($d\omega = 0$) , on va chercher à associer à ω un courant généralisant le courant $\alpha\delta_p$ du cas particulier 1.1. et que l'on appellera <u>courant résidu de</u> ω .

1.3. Un opérateur différentiel D sur l'espace $\mathcal{D}'(X)$ des courants sur X est dit <u>semi-holomorphe</u> si, pour tout $x \in X$, il existe un voisinage U de x sur lequel des coordonnées $(z_1, \dots, z_n)$ sont définies et tel que, sur U,

$$D = \sum_{i_1, \dots, i_n} \alpha_{i_1 \dots i_n}(z) \frac{\partial^{i_1}}{\partial z_1^{i_1}} \cdots \frac{\partial^{i_n}}{\partial z_n^{i_n}}$$

où les $\alpha_{i_1 \dots i_n}$ sont des fonctions C^∞. Cette définition est indépendante du système de coordonnées et D opère également sur les formes semi-méromorphes [9] .

1.4. Pour définir le courant résidu, on pose d'abord le problème suivant : soit ω une forme différentielle semi-méromorphe sur X dont un ensemble polaire est contenu dans un sous-ensemble analytique S de X (S est de codimension complexe 1), construire un courant $T(\omega)$ prolongeant le courant $\underline{\omega}$ défini sur $X \setminus S$ par ω et tel que , pour tout opérateur semi-holomorphe D, on ait : $T(D\omega) = DT(\omega)$.

Nous donnons d'abord une solution dans le cas où S est "à croisements normaux" (cas normal) traité au n.2, puis une construction d'un courant canonique T(ω) par réduction des singularités (Hironaka [4]) lorsque X est une variété algébrique lisse et S une sous-variété algébrique de X (n.3) . La construction du courant résidu d'une forme semi-méromorphe sur un exemple ainsi que sa relation avec la classe de cohomologie résidu de LERAY [6] sont données au n.4 . Le n.5 contient une propriété du courant résidu et des problèmes. Les démonstrations des résultats des nn. 2 et 3 qui se trouvent dans [2] ne sont pas répétées.

2. - Cas normal. C'est une généralisation du cas régulier introduit par L. SCHWARTZ [9] .

2.1. Un sous-ensemble analytique S de X de codimension complexe 1 est dit à croisements normaux si, pour tout point x de S, il existe un système de coordonnées $(z_1, \ldots, z_n)$ de X sur un voisinage ouvert U de x dans X tel que $U \cap S$ soit la réunion des ensembles $z_1 = 0, \ldots, z_p = 0$ $(p \leq n)$.

Une forme différentielle semi-méromorphe ω_x définie au voisinage de $x \in X$ est dite élémentaire si elle possède un ensemble polaire à croisements normaux sur un voisinage U de x.

Toute forme semi-méromorphe ω sur X qui est, au voisinage de chaque point $x \in X$, égale à une somme finie de formes élémentaires est dite normale.

L'ensemble des opérateurs différentiels semi-holomorphes constitue un anneau Δ, la multiplication étant définie par la composition des opérateurs. L'espace $\mathcal{S}$ des formes différentielles semi-méromorphes normales sur X et l'espace $\mathcal{D}'(X)$ des courants sur X sont des Δ-modules.

2.2. THÉORÈME. - Pour toute forme différentielle semi-méromorphe normale ω, il existe un courant unique $T(\omega)$ tel que :

(1) si ω a ses coefficients localement sommables, alors $T(\omega)$ coïncide avec le courant ω défini par $\omega[\varphi] = \int_X \omega \wedge \varphi$.

(2) l'opérateur $T : \mathcal{S} \to \mathcal{D}'(X)$ est linéaire pour les structures de Δ-modules; en particulier, pour toute $\omega \in \mathcal{S}$, on a : $T(D\omega) = DT(\omega)$;

(3) l'opérateur T est local (i.e. si U est un ouvert de X, alors $T(\omega|U) = T(\omega)|U)$ et $\operatorname{supp} T(\omega) = \operatorname{supp} \omega$.

En particulier, le courant $T(\omega)$ prolonge canoniquement ω de $X \setminus S$ à X et satisfait, pour tout $D \in \Delta$, à $T(D\omega) = D\,T(\omega)$.

La démonstration (voir [2]) reprend celle de SCHWARTZ dans le cas des formes semi-méromorphes régulières [9] : l'existence de $T(\omega)$ est établie pour une forme élémentaire ω par une construction qui est celle de la valeur principale de CAUCHY par rapport à chacune des variables $z_1, \ldots, z_n$.

Soient S un sous-ensemble analytique de codimension 1 de X et $\mathcal{S}_S$ l'espace des formes différentielles semi-méromorphes normales sur X dont S est un ensemble polaire ; alors $\mathcal{S}_S$ est un Δ-sous-module de $\mathcal{S}$.

2.3. COROLLAIRE. - Le théorème 2.2. est valide pour le Δ-sous-module $\mathcal{S}_S$ de $\mathcal{S}$. En particulier, s'il existe un opérateur $T : \mathcal{S}_S \to \mathcal{D}'(X)$ satisfaisant aux conditions (1) et (2) du théorème 2.2. restreintes à $\mathcal{S}_S$, cet opérateur est unique.

3. - Cas algébrique

3.1. Soit X une variété algébrique projective irréductible lisse de dimension n sur $\mathbb{C}$; elle a une structure analytique complexe. Soit ω une p-forme différentielle semi-méromorphe sur X dont un ensemble polaire est contenu dans une sous-variété algébrique S de X, de codimension 1. On sait (conjecture de HODGE-

ATIYAH ([5] , p. 81) prouvée par H. HIRONAKA ([4] , p. 146)) qu'il existe une transformation birationnelle π: X' $\to$ X d'une variété algébrique lisse X' sur X qui est un morphisme et telle que $S' = \pi^{-1}(S)$ soit une sous-variété de X' de codimension 1, à croisements normaux ; π est un morphisme analytique , donc de classe C^∞ et est propre ; de plus $\pi | X' \setminus S'$ est un isomorphisme analytique: $X' \setminus S' \to X \setminus S$. On dira que π est un morphisme normalisant pour S.

3.2. L'image réciproque $\omega' = \pi^* \omega$ de ω est une forme semi-méromorphe sur X' d'ensemble polaire porté par S' ; au voisinage de tout point de X', elle est égale à une forme élémentaire.

Soit $T'(\omega')$ le prolongement à X' du courant $\underset{\sim}{\omega'}$ sur $X' \setminus S'$ défini en 2.2. L'application π étant propre, le courant $\pi_* T'$ est défini sur X comme suit : pour toute forme φ C^∞ à support compact dans X, on a : $\pi_* T'[\varphi] = T'[\pi^* \varphi]$; on pose $T_\pi(\omega) = \pi_* T'$.

3.3. THÉORÈME. - Soit ω une p-forme différentielle semi-méromorphe sur X dont un ensemble polaire est contenu dans une sous-variété algébrique S de codimension 1. Alors, il existe un courant $T(\omega)$ défini canoniquement qui prolonge le courant $\underset{\sim}{\omega}$ défini par ω sur $X \setminus S$ et qui possède les propriétés suivantes :

(1) Si ω est à coefficients localement sommables, alors $T(\omega)$ est égal au courant défini par ω sur X ;

(2) l'opérateur $T : \omega \to T(\omega)$ défini sur les formes ayant un ensemble polaire contenu dans S est tel que supp $T(\omega)$ = supp ω ,

(3) pour tout opérateur différentiel semi-holomorphe D, on a :

$T(D\omega) = DT(\omega)$; plus généralement, T est linéaire pour la structure de Δ-module de l'espace des formes semi-méromorphes dont un ensemble polaire est contenu dans S.

Pour démontrer ce théorème (voir [2]), on considère un morphisme π normalisant pour S ; compte-tenu de 2.2. et de la construction explicite de $T'(\pi^{*}\omega)$ on établit (1) , (2), (3) pour $T_{\pi}(\omega)$. On établit l'indépendance de $T_{\pi}(\omega)$ par rapport à π en utilisant un résultat de ([4] , p. 144) qui entraîne que deux morphismes normalisants pour S sont "dominés" par un morphisme normalisant pour S et le fait que le courant $T'(\pi^{*}\omega)$ défini dans (2.2.) est indépendant du procédé de construction dès qu'il satisfait aux conditions (1) et (3) d'après le Corollaire 2.3.

3.4. Soit σ le sous espace des formes semi-méromorphes ayant chacune un ensemble polaire contenu dans une sous-variété algébrique globale de X ; cette sous-variété pouvant varier d'une forme à l'autre. L'espace σ est un Δ-module.

3.4.1. COROLLAIRE. - *L'application : $\sigma \longrightarrow \mathcal{D}'(X)$ qui, à ω d'ensemble polaire contenu dans S, fait correspondre $T(\omega)$ défini dans (3.3.) est une application Δ-linéaire.*

La démonstration utilise le résultat ([4] , p. 144) de HIRONAKA et le fait que le courant $T(\omega)$ de 3.3. est inchangé quand on remplace S par $S \cup S'$, où S' est une autre sous-variété algébrique globale de X.

3.5. Remarques. (a) Le courant $T(\omega)$ est défini canoniquement pour le procédé de réduction des singularités de HIRONAKA ; nous n'avons pas démontré que c'est le seul courant satisfaisant aux conditions (1), (2), (3) de 3.3. et à la conclusion du corollaire 3.4.1.

(b) C'est pour obtenir l'indépendance du courant $T(\omega)$ par rapport aux morphismes normalisants pour S que nous nous sommes bornés au cas où X est algébrique et où S est globale.

4. Courant résidu. On considère une forme semi-méromorphe d-fermée ω de degré p sur une variété analytique complexe X de dimension n ; on supposera ou bien que ω est élémentaire, ou bien que X est une variété algébrique projective lisse et que l'ensemble polaire de ω est contenu dans une sous-variété algébrique S de codimension 1 de X.

Dans les deux cas, le courant canonique $T = T(\omega)$ qui prolonge, de $X \setminus S$ à X le courant $\underline{\omega}$ défini par ω est bien déterminé. La forme ω étant d-fermée, il en est de même du courant $\underline{\omega}$, donc $dT(\omega)$ a son support contenu dans S ; on appellera $dT(\omega)$ le courant résidu de ω. Nous allons donner des exemples de construction du courant $dT(\omega)$ à partir de ω.

4.1. Cas d'une forme élémentaire. On suppose la forme ω définie sur un voisinage U d'un point x contenu dans le domaine d'une carte avec les fonctions coordonnées $(z_1, \dots, z_n)$ et, à titre d'exemple, que S est la réunion de deux sous-variétés S_1 et S_2 d'équations $z_1 = 0$ et $z_2 = 0$.

Alors : $\omega = \dfrac{\alpha}{z_1^{p_1} z_2^{p_2}}$; on peut montrer, en rétrécissant U au besoin, que $\omega = \omega_1 + d\bar{\omega}$, où $\omega_1 = \dfrac{\alpha_1}{z_1 z_2}$ avec α_1 C^∞ et où $\bar{\omega}$ est une somme de formes semi-méromorphes $\dfrac{\beta'}{z_1^{q_1} z_2^{q_2}}$ avec β' C^∞ et $q_1 \leqslant p_1$, $q_2 \leqslant p_2$, $q_1 + q_2 \leqslant p_1 + p_2 - 1$.

De plus :

$$\omega_1 = \frac{dz_1}{z_1} \wedge \frac{dz_2}{z_2} \wedge a + \frac{dz_1}{z_1} \wedge b_1 + \frac{dz_2}{z_2} \wedge b_2 + c$$

où a, b_1, b_2, c sont C^∞ (cf. J.LERAY ([6] , p. 131) et G.ROBIN [8])

Alors, pour toute forme $\psi \in \mathcal{D}(U)$, on a :

$$dT[\psi] = dT(\omega_1)[\psi] + dT(d\bar{\omega})[\psi] ;$$

$$dT(\omega_1)[\psi] = 2\pi i \int_{S_1} \frac{dz_2}{z_2} \wedge (a|S_1) \wedge (\psi|S_1) + 2\pi i \int_{S_1} (b_1|S_1) \wedge (\psi|S_1)$$

$$- 2\pi i \int_{S_2} \frac{dz_1}{z_1} \wedge (a|S_2) \wedge (\psi|S_2) + 2\pi i \int_{S_2} (b_2|S_2) \wedge (\psi|S_2) ;$$

$$dT(d\bar{\omega})[\psi] = (-1)^{p+1} T(d\bar{\omega})[d\psi] = - \lim_{\varepsilon_1\to 0 \ldots \varepsilon_n \to 0} \int_{|z_1|\geq\varepsilon_1 \ldots |z_n|\geq\varepsilon_n} d(d\bar{\omega}\wedge\psi)$$

$$= \lim_{\varepsilon_1\to 0 \ldots \varepsilon_n \to 0} \sum_{k=1}^{n} \int_{\ldots |z_k| = \varepsilon_k \ldots} d\bar{\omega}\wedge\psi$$

D'autre part $\displaystyle\sum_{k=1}^{n} \int_{\ldots |z_k| = \varepsilon_k \ldots} d(\bar{\omega}\wedge\psi) = 0$ en vertu de la formule de STOKES,

donc :

$$dT(d\bar{\omega})[\psi] = (-1)^p \lim_{\varepsilon_1\to 0 \ldots \varepsilon_n \to 0} \sum_k \int_{\ldots |z_k| = \varepsilon_k \ldots} \bar{\omega}\wedge d\psi$$

Considérons le courant B défini, sur U, par

$$B[\xi] = - \lim_{\varepsilon_1\to 0 \ldots \varepsilon_k \to 0} \sum_k \int_{\ldots |z_k| = \varepsilon_k \ldots} \bar{\omega}\wedge\xi ;$$

posons $\bar{\omega} = \dfrac{\beta}{z_1^{p_1} z_2^{p_2}}$ et

$$\beta\wedge\xi = \beta_1 dz_1 \wedge \widehat{d\bar{z}_1} \wedge dz_2 \wedge \ldots + \beta_2\, dz_1 \wedge d\bar{z}_1 \wedge dz_2 \wedge \widehat{d\bar{z}_2} \wedge \ldots + \gamma dz_1 \wedge d\bar{z}_1 \wedge dz_2 \wedge d\bar{z}_2 \wedge \ldots$$

$$B[\xi] = 2\pi i \lim_{\varepsilon_2\to 0} \int_{S_1 | |z_2|\geq\varepsilon_2} \frac{1}{z_2^{p_2}} \left(\frac{\partial^{p_1-1}}{\partial z_1^{p_1-1}} \beta_1 | S_1 \right) dz_2 \wedge d\bar{z}_2 \wedge \ldots + 2\pi i \lim_{\varepsilon_1\to 0}$$

$$\int_{S_2 | |z_1|\geq\varepsilon_1} \frac{1}{z_1^{p_1}} \left(\frac{\partial^{p_2-1}}{\partial z_2^{p_2-1}} \beta_2 | S_2 \right) dz_1 \wedge d\bar{z}_1 \wedge dz_3 \wedge \ldots$$

Le support de B est contenu dans S.

Si l'on appelle <u>courant résidu strict</u> de ω, le courant $dT(\omega_1)$ que l'on notera $\mathcal{R}és(\omega)$, on voit que

$$(1) \qquad dT(\omega) = \mathcal{R}és(\omega) + dB$$

ce qui généralise la formule donnée dans l'Introduction dans le cas où $\dim_{\mathbf{C}} X = 1$; cependant, le courant résidu strict dépend des coordonnées locales choisies, sauf, bien entendu, si $p_1 = p_2 = 1$, c'est-à-dire si l'ensemble polaire est simple pour ω ; c'est alors le courant résidu de ω.

Un autre exemple (forme méromorphe de degré n à pôles simples) est traité dans ([2] , n.4.1.) .

4.2. <u>Cas algébrique.</u> Soit π un morphisme normalisant pour S ; supposons, pour simplifier l'exposé que $\omega' = \pi^* \omega$ soit, au voisinage de tout point singulier de $S' = \pi^{-1}(S)$ de la forme

$\dfrac{\alpha}{z_1^{p_1} z_2^{p_2}}$; comme $dT_\pi(\omega) = \pi^* dT'(\omega')$, on voit que, localement, $dT(\omega)$ est la somme des images, par π_* d'un nombre fini de courants décrits en 4.1.

Pour tout point $x \in S$, le germe S_x défini par S en x a pour équation $f = \prod_{k=1}^{r} \rho_k = 0$, où ρ_k est un germe de fonction holomorphe qui s'annule en x et est irréductible, les germes d'ensembles analytiques $\rho_k = 0$ étant distincts. La forme semi-méromorphe ω est dite __à pôles simples__ si, pour tout point $x \in S$, le germe $\prod_{k=1}^{r} e_k \omega$ est un germe C^∞.

Si π est un morphisme normalisant pour S, et si ω est à pôles simples, alors $\omega' = \pi^* \omega$ n'est pas nécessairement à pôles simples (*), comme on le vérifie sur l'exemple où $f = z_1^2 - z_2^3$ dans $\mathbb{C}^2$. Cependant, Γ désignant l'ensemble des points singuliers de S, si le morphisme normalisant π de ω ne provient que d'éclatements de points de Γ, alors les pôles de $\omega' = \pi^* \omega$ sont simples aux points de $\pi^{-1}(S \setminus \Gamma)$; les images par π_* des courants du type de B de la formule (1) ont leurs supports contenus dans Γ.

4.3. __Relation avec la forme résidu de LERAY.__ Dans le cas où ω a un ensemble polaire __lisse__ et où les pôles de ω sont __simples__, le calcul local fait au n.4.1. se simplifie. Si $\omega = \frac{\alpha}{z_1}$ localement,

alors $\frac{dz_1}{z_1} \wedge b + c$ où b et c sont C^∞

$$dT(\omega)\,[\psi] = 2\,\pi\, i \int_{S_1} (b \mid S_1) \wedge (\psi \mid S_1) \; ; \tag{2}$$

la forme $b \mid S_1$ (d'ailleurs définie globalement sur S_1) est la forme résidu au sens de LERAY ; (2) est la relation annoncée.

5. - __Une propriété. Problèmes__

5.1. Soit une forme différentielle semi-méromorphe d-fermée, de type déterminé (r, s) sur une variété algébrique projective lisse X et dont l'ensemble polaire est contenu dans une sous-variété algébrique S de codimension 1 ; alors $d\omega = 0$ implique $d''\omega = 0$ et

(*) contrairement à ce qui avait été affirmé dans [2] , n.4.2. ; le résultat indiqué au n.4.3. de [2] est cependant correct (voir la dém.de 5.2 ci-dessous).

$d'\omega = 0$. Si π est un morphisme normalisant pour S, alors $\omega' = \pi^*\omega$ est aussi de type (r, s) ; il en est de même de $T'(\omega')$ vu sa construction et de $\pi_* T'(\omega') = T(\omega)$. L'opérateur d' étant définissable à partir d'opérateurs différentiels semi-holomorphes $d'T(\omega) = T(d'\omega) = 0$, donc le courant résidu de ω est $d''T(\omega)$.

Supposons maintenant donnés la sous-variété S de X et un courant t porté par S égal, localement, au courant résidu d'une forme semi-méromorphe fermée de type (r, s) à pôles simples. Soit $f = \prod_k \rho_k = 0$ une équation minimale de S au voisinage de $x \in S$ (dans les notations de 4.2.) ; au voisinage d'un point $y \in \pi^{-1}(x)$, dans des coordonnées $z_1, \dots, z_n$ convenables, on a :
$\pi^* f = z_1^{p_1} \dots z_n^{p_n}$ et, au voisinage de x, t est est l'image, par π_* d'un courant t' sur un voisinage de $\pi^{-1}(x)$ dans X', défini, au voisinage de y , par

$$(3) \quad t'[\psi] = \sum_{k=1}^{n} \lim_{\varepsilon_1 \to 0 \dots \varepsilon_n \to 0} \int_{|z_k| = \varepsilon_k \; |z_j| \geq \varepsilon_j \; (j \neq k)} \frac{\alpha \wedge \psi}{z_1^{p_1} \dots z_n^{p_n}}$$

où α est une forme C^∞.

5.2. PROPOSITION. S'il existe un courant L de type (r, s) sur X tel que $t = d''L$ et que $\partial'' L = 0$ (où $\partial'' = \pm * d'' *$, l'opérateur $*$ étant défini à partir d'une métrique kählérienne sur X), alors, t est le courant résidu d'une forme différentielle semi-méromorphe ω de type (r, s) à pôles simples sur X.

(La condition $\partial''L = 0$ est vérifiée dès que $s = 0$, ω est alors méromorphe).

<u>Démonstration.</u> Sur $X \setminus S$, on a : $t = 0$, donc $d''L = 0$. Soit $x \in S$ et soit U un ouvert de X relativement compact contenant x sur lequel f est défini comme en 5.1. ; alors $U' = \overset{-1}{\pi}(U)$ est relativement compact dans X', donc est recouvert par un nombre fini de domaines de cartes $U'_1, \dots, U'_q$ relativement compacts , suffisamment petits pour que, dans chacun d'eux, $\pi^* \omega$ soit élémentaire ; soit $\sum_{i=1}^{q} \psi'_i$ une partition de l'unité sur $\overset{-1}{\pi}(U)$ subordonnée au recouvrement $(U'_1, \dots, U'_q)$ de U' ; soit $(z_{i1}, \dots, z_{in})$ un système de coordonnées sur U'_i. Désignons par t'_i le courant défini par une expression de la forme (3) sur U'_i .

Alors , au-dessus de U, considérons $\prod_k \rho_k L$, on a :

$$d''(\prod_k \rho_k L) = \prod_k \rho_k t = \prod_k \rho_k \pi_* t' .$$

Pour $\varphi \in \mathcal{D}(U)$, considérons

$$\prod_k \rho_k \pi_* t'[\varphi] = \pi_* t'\left[\prod_k \rho_k \varphi\right] = t'\left[\pi^*(\prod_k \rho_k)\,\pi^* \varphi\right]$$

Mais $\pi^*(\prod_k \rho_k) = \sum_{i=1}^{q} \psi'_i\, g_i\, z_{i1}^{p_{i1}} \dots z_{in}^{p_{in}}$ où g_i est holomorphe sans zéro sur U'_i. Alors, compte tenu de (3), on a

$$\prod_k \rho_k \pi_* t'[\varphi] = 0$$

donc $\prod_k \rho_k L$ est d''-fermé au voisinage de x.

De même $\partial'' L = 0$ sur X et, au voisinage de $x \in S$, on a :

$$\partial''(\prod_k \rho_k L) = \prod_k \rho_k \partial'' L = 0 .$$

Alors, L est d'' - et ∂''- fermé sur $X \setminus S$ et il en est de même, pour tout $x \in S$, de $(\prod_k \rho_k) L$; les courants considérés sont harmoniques, donc C^∞ ; cela entraîne que L est le courant défini par une forme semi-méromorphe sur X ayant S comme ensemble polaire à la multiplicité 1 et t comme courant résidu.

5.3. Problèmes

1.1. La condition $\partial''L = 0$ de 5.2. est restrictive, sauf dans le cas du type (r, 0) ; trouver une condition plus naturelle. Comment généraliser 5.2. sans imposer de condition de type?

2. Le théorème de LERAY ([6] , p. 88) disant que toute classe de cohomologie de $X \setminus S$ (pour S sous-variété de codimension complexe 1) contient la restriction, à $X \setminus S$, d'une forme semi-méromorphe fermée à pôles simples sur S peut-il être généralisé au cas où S a des singularités quelconques ? (voir [8] pour le cas où S est à croisements normaux).

3. Relation entre courant résidu et classe de cohomologie résidu (dans la cohomologie locale relative à S ; voir [7]) ou la classe d'homologie résidu (voir [3]) .

4. Définir le courant résidu pour une forme (non semi-méromorphe) ayant des singularités convenables (du type "noyau de Martinelli" par exemple [7]) dans un ensemble analytique Σ de codimension strictement supérieure à 1, par réduction des singularités de Hironaka, à l'aide d'un morphisme normalisant π pour Σ ; (alors $\pi^{-1}(\Sigma)$ est de codimension 1).

5. Le problème de la construction d'un prolongement canonique du courant défini, en dehors de ses singularités par une forme semi-méromorphe est un problème local ; il est résolu, comme tel, dans le cas normal (n.3). L'étude a été faite au n.4 dans le cas algébrique

global, pour être assuré de l'unicité (3.3.) ; si l'existence d'un morphisme normalisant local dominant deux morphismes normalisants locaux peut être établie, alors, notre construction est valable localement, donc pour toute variété analytique complexe X, sans restriction sur la forme semi-méromorphe ω.

6. Ce problème de prolongement et celui du courant résidu d'une forme méromorphe fermée ont été étudiés en détail dans [1], dans le cas où S est "équisingulière" ; il est vraisemblable que la construction faite est, dans le cas algébrique, un cas particulier de la construction actuelle. L'étude locale du résidu dans le cas des pôles multiples, faite dans le cas équisingulier ([1] , ch. IV, D) et l'étude esquissée en 4.1. (formule (1)) reste à faire dans le cas général.

(rédaction terminée en juillet 1970)

BIBLIOGRAPHIE

[1]- DOLBEAULT (P.). - Formes différentielles et cohomologie sur une variété analytique complexe II, Ann. of Math., 65 , p. 282-330, 1957.

[2]- DOLBEAULT (P.). - Résidus et courants, Questions on algebraic varieties (C.I.M.E., septembre 1969), 1970.

[3]- DOLBEAULT (P.). - Theory of residues and homology, Symposia Mathematica, vol. III, p. 295-304, Academic Press, 1970 et Séminaire P.LELONG, 1968-69.

[4]- HIRONAKA (H.). - Resolution of singularities of an algebraic variety over a field of characteristic zero, Ann. of Math., 79, p. 109-326, 1964.

[5]- HODGE (W.V.D.) and ATIYAH (M.). - Integrals of the second kind on an algebraic variety, Ann. of Math., 62, p. 56-91, 1955.

[6]- LERAY (J.). - Le calcul différentiel et intégral sur une variété analytique complexe (Problème de Cauchy III), Bull. Soc. Math. France, 87, p. 81-180, 1959.

[7]- NORGUET (F.). - Exposé du 7 janvier 1970 au Séminaire P.LELONG.

[8]- ROBIN (G.). - Exposé du 13 mai 1970 au Séminaire P.LELONG.

[9]- SCHWARTZ (L.). - Courant associé à une forme différentielle méromorphe sur une variété analytique complexe. Colloques internationaux du C.N.R.S., Géométrie différentielle 52, Strasbourg, p. 185-195, 1953.

Séminaire P.LELONG
(Analyse)
10e année, 1969/70 4 Février 1970

NULLSTELLENSATZ EN GÉOMÉTRIE ANALYTIQUE BANACHIQUE

par P. M A Z E T

I. - Généralités

Les espaces de Banach considérés sont construits sur le corps des complexes.

Si E est un espace de Banach, on note $\mathcal{O}(E)$ l'ensemble des germes de fonctions analytiques (à valeurs dans $\mathbb{C}$) définies au voisinage de 0.

Il est facile de munir $\mathcal{O}(E)$ d'une structure d'anneau. Pour cette structure, les éléments non inversibles de $\mathcal{O}(E)$ sont les germes nuls en 0 ; ils forment un idéal, l'anneau $\mathcal{O}(E)$ est donc local. On montre également qu'il est intègre (cf. 3 et 4).

Soient E, F des espaces de Banach, et φ une application linéaire continue de E dans F. Si f est une fonction analytique définie au voisinage de 0_F, il est clair que f o φ est une fonction analytique définie au voisinage de 0_E. Ceci permet de définir une application $\mathcal{O}(\varphi)$ de $\mathcal{O}(F)$ dans $\mathcal{O}(E)$. Cette application est, évidemment, un morphisme d'anneaux locaux. Ceci permet de considérer O comme un foncteur contravariant de la catégorie des espaces de Banach dans la catégorie des anneaux locaux.

En particulier, si E est un sous-espace fermé de F et φ l'injection canonique de E dans F, on obtient une application de $\mathcal{O}(F)$ dans $\mathcal{O}(E)$ qui, à tout germe défini sur f, associe la restriction à E de ce germe.

En outre le quotient E/F est aussi un espace de Banach. D'où une application de $\mathcal{O}(E/F)$ dans $\mathcal{O}(E)$. Comme la surjection canonique de E dans E/F est ouverte, l'application de $\mathcal{O}(E/F)$ dans $\mathcal{O}(E)$ est injective. Son image est formée par les germes d'applications analytiques qui sont constantes quand on se déplace parallèlement à F. Si l'espace F admet un supplémentaire (topologique) F', on a un isomorphisme entre F' et E/F. Cet isomorphisme permet de plonger $\mathcal{O}(F')$ dans $\mathcal{O}(E)$. Mais ce plongement dépend de F et non pas seulement de F'.

II. - Le théorème de division de WEIERSTRASS

Soient E un espace de Banach, H un sous-espace de E de dimension 1, X une forme linéaire non nulle sur H, f un élément de $\mathcal{O}(E)$.

On suppose que la restriction de f à H n'est pas identiquement nulle. Elle a donc un ordre n (H est isomorphe à $\mathbb{C}$). Alors, pour tout élément g de $\mathcal{O}(E)$ il existe un élément Q de $\mathcal{O}(E)$ et un polynome R à coefficient dans $\mathcal{O}(E/H)$ qui vérifient :

$$g = Qf + R(X).$$

On identifie dans cette formule $\mathcal{O}(E/H)$ à un sous-anneau de $\mathcal{O}(E)$ et X à son germe en 0.

En outre on peut exiger que R soit de degré inférieur ou égal à n-1. Avec cette condition supplémentaire, Q et R sont déterminés de façon unique.

Ce théorème a pour corollaire l'énoncé suivant :

En gardant les mêmes hypothèses et notations, si I est l'idéal engendré par f dans $\mathcal{O}(E)$, le quotient $\mathcal{O}(E)/I$ est un $\mathcal{O}(E/H)$-module libre de dimension n.

De ces théorèmes on peut déduire successivement que $\mathcal{O}(E)$ est un anneau intégralement clos et que $\mathcal{O}$ (E) est un anneau factoriel (cf. 3 et 4).

III. - Les sous-espaces transverses

Soient E un espace de Banach, H un sous-espace de E *de dimension finie* et I un idéal de $\mathcal{O}(E)$.

On dit que *H est transverse à I* si le composé :

$$\mathcal{O}(E/H) \hookrightarrow \mathcal{O}(E) \longrightarrow \mathcal{O}(E)/I$$

fait de $\mathcal{O}(E)/I$ une $\mathcal{O}(E/H)$*-algèbre entière*.

Il est clair qu'alors si J est un idéal contenant I, l'algèbre $\mathcal{O}(E)/J$, qui est un quotient de $\mathcal{O}(E)/I$ est encore entière. Le sous-espace H est donc transverse à J.

Si H est contenu dans un sous-espace K de dimension finie, notons J la trace de I dans $\mathcal{O}(E/H)$.

On a alors le diagramme commutatif :

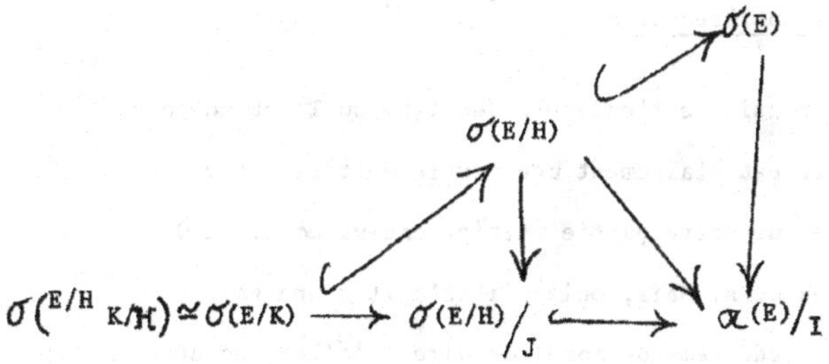

diagramme 1

ou les flèches : $\hookrightarrow$ indiquent des injections.

Ce diagramme montre clairement que K <u>est transverse à</u> I <u>si et seulement si,</u> H <u>est transverse à</u> I <u>et</u> K/H <u>transverse à</u> J.

En raisonnant par récurrence, on en déduit que, si H est transverse à I, <u>le module</u> $\mathcal{O}(E)/_I$ <u>est de type fini sur</u> $\mathcal{O}(E/H)$. En effet, si H est de dimension 1, en écrivant qu'une forme linéaire X, non nulle sur H, satisfait, dans $\mathcal{O}(E)/I$ à une relation de dépendance intégrale, on en déduit qu'il y a dans I un germe non identiquement nul sur H. Le théorème de WEIERSTRASS assure alors que $\mathcal{O}(E)/_I$ est de type fini. Le diagramme précédent permet alors de faire la récurrence sur la dimension de H.

On peut caractériser les sous-espaces transverses à un idéal I à l'aide des idéaux premiers contenant I.

<u>Proposition 1.</u> - <u>Soient</u> I <u>un idéal de</u> $\mathcal{O}(E)$ <u>et</u> H <u>un sous-espace de</u> E <u>de dimension finie. Pour que</u> H <u>soit transverse à</u> I <u>il faut et il suffit que</u> H <u>soit transverse à tout idéal premier contenant</u> I.

Cette proposition découle du lemme algébrique suivant :

<u>Lemme.</u> - <u>Soient</u> A <u>un anneau</u>, B <u>une A-algèbre et</u> b <u>un élément de</u> B. <u>Pour que</u> b <u>soit entier sur</u> A, <u>il faut et il suffit que, pour tout idéal premier</u> $\mathfrak{p}$ <u>de</u> B, <u>la classe de</u> b <u>dans</u> $B/\mathfrak{p}$ <u>soit entière sur</u> A.

Pour démontrer ce lemme, on considère l'ensemble des T(b) où T est un polynome unitaire de A(X). Cet ensemble est clairement une partie multiplicative. Dire que b est entier sur A, c'est dire que cette partie multiplicative contient 0, ou encore rencontre tous les idéaux de A. Mais, puisqu'il s'agit d'une partie multiplicative, il revient au même (théorème de Zorn) de dire qu'elle rencontre tous les idéaux premirs de B, ce qui équivaut à : la classe de b dans $B/\mathfrak{p}$ est entière pour tout idéal premier $\mathfrak{p}$.

Il est également possible d'interpréter géométriquement la notion d'espace transverse. On a alors :

Pour qu'un espace H soit transverse à un idéal I, il faut et il suffit que les restrictions à H des éléments de I définissent le germe réduit à O. (Remarque, ainsi que dans toute la suite, on sous-entend ici que l'idéal I est différent de l'anneau tout entier).

IV. - Sous-espaces transverses et idéaux premiers

La proposition 1 explique que l'on s'intéresse surtout aux espaces transverses à un idéal premier.

Introduisons alors une nouvelle notion.

On dit qu'un sous-espace H (de dimension finie) d'un espace de Banach E est transverse maximal à un idéal I de $\mathcal{O}(E)$ si :

i) H est transverse à I.

ii) H n'est strictement contenu dans aucun sous-espace transverse à I.

Remarquons qu'un idéal non nul de $\mathcal{O}(E)$ admet toujours un sous-espace transverse non réduit à $\{0\}$, d'après le théorème de division de WEIERSTRASS. On en conclut que, pour qu'un sous-espace H de E soit transverse maximal à un idéal I de $\mathcal{O}(E)$, il faut et il suffit que l'application :

$$\mathcal{O}(E/H) \longrightarrow \mathcal{O}(E)/I$$

soit injective et fasse de $\mathcal{O}(E)/I$ une $\mathcal{O}(E/H)$ algèbre entière (cf. diagramme 1).

Si un idéal I de $\mathcal{O}(E)$ admet un sous-espace transverse maximal H, on dit que I *satisfait le lemme de normalisation* et que H est un sous-espace normal à E. En outre, comme H est de dimension finie, il admet un supplémentaire (topologique). Toute décomposition $E = F \oplus H$ où H est transverse maximal à I s'appelle *décomposition normale pour* I.

Nous allons chercher des décompositions normales pour des idéaux premiers.

Proposition 2. - Soient H *un sous-espace (de dimension finie) d'un espace de Banach* E, $\mathfrak{p}$ *et* $\mathfrak{q}$ *deux idéaux premiers de* $\mathcal{O}(E)$ *. On suppose* $\mathfrak{p}$ *strictement contenu dans* $\mathfrak{q}$ *et* H *transverse à* $\mathfrak{q}$*. Alors il existe un sous-espace* K *de* E *qui contient* H*, dont la dimension est égale à* dim H + 1 *et qui est transverse à* $\mathfrak{q}$*.*
En outre, s'il n'y a pas d'idéal premier strictement contenu dans $\mathfrak{q}$ *et contenant strictement* $\mathfrak{p}$ *et si* H *est transverse maximal à* $\mathfrak{p}$*, on peut trouver un* K *vérifiant les hypothèses précédentes qui soit transverse maximal à* $\mathfrak{q}$ *.*

En effet, on a le diagramme :

$$\begin{array}{ccc} & \nearrow & \mathcal{O}(E) \\ & & \downarrow \\ \mathcal{O}(E/H) & \longrightarrow & \mathcal{O}(E)/\mathfrak{p} \\ \downarrow & & \downarrow \\ \mathcal{O}(E/H)/\mathfrak{q}' & & \mathcal{O}(E)/\mathfrak{q} \end{array}$$

diagramme 2

où $\mathfrak{q}'$ est la trace de $\mathfrak{q}$ dans $\mathcal{O}(E/H)$. On a : $\mathfrak{q} \neq \mathfrak{p}$.

Puisque $\mathcal{O}(E)/\mathfrak{p}$ est entier sur $\mathcal{O}(E/H)$, l'idéal $\mathfrak{q}'$ n'est pas nul. D'autre part, si H est transverse maximal et $\mathfrak{q}$ minimal parmi les idéaux contenant strictement $\mathfrak{p}$, les théorèmes de COHEN-SEIDENBERG montrent que $\mathfrak{q}'$ est de hauteur 1.

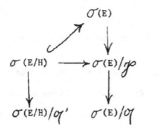

On est alors ramené au même problème où E est remplacé par E/H, $\mathfrak{p}$ remplacé par 0 et $\mathcal{O}$ remplacé par $\mathcal{O}'$.

Le résultat découle alors du théorème de division de WEIERSTRASS et du fait que, $\mathcal{O}(E/H)$ étant factoriel, les idéaux premiers de hauteur 1 sont principaux.

De cette proposition, on déduit que si l'on à une chaine d'idéaux premiers :

$$\mathfrak{p}_0 \subset \mathfrak{p}_1 \subset \dots \subset \mathfrak{p}_n$$

(les inclusions étant strictes), il existe un sous-espace transverse à $\mathfrak{p}_n$ de dimension n.
De plus, si cette chaine est maximale (parmi les chaines d'extrémités $\mathfrak{p}_n$), il existe un sous-espace transverse maximal à $\mathfrak{p}_n$ de dimension n. En particulier, $\mathfrak{p}_n$ satisfait alors le lemme de normalisation.

V. - Germes analytiques. Nullstellensatz des idéaux premiers

Soient $f_1, \dots, f_n$ une famille finie de fonctions analytiques définies au voisinage de l'origine d'un espace de Banach E. Le germe de l'ensemble des zéros communs aux f_i se note $V(f_1, \dots, f_n)$. Un tel germe est dit analytique de définition finie. Ce germe ne dépend évidemment que des germes des f_i.

Soit I un idéal de $\mathcal{O}(E)$. Contrairement à ce qui se passe en dimension finie, l'anneau $\mathcal{O}(E)$ n'est pas noethérien. A priori, I n'est donc pas de type fini, et on ne peut pas associer à I un germe analytique.

Toutefois, si I est de type fini et $f_1, \dots, f_n$ un système de générateurs, le germe analytique $V(f_1, \dots, f_n)$ ne dépend que de I et non du choix du système générateur. On note ce germe V(I).

A l'inverse, prenons un germe analytique (de définition finie) X, et considérons l'ensemble I(X) des germes de fonctions analytiques qui s'annulent sur X. Il est clair que I(X) est un idéal de $\mathcal{O}(E)$. On peut montrer les résultats suivants :

- L'application $X \mapsto I(X)$ est strictement décroissante.

- L'idéal I(X) est égal à sa racine.

- Pour que le germe X soit irréductible (c'est-à-dire non représentable comme réunion de deux germes différents de X) il faut et il suffit que I(X) soit premier.

Le problème du Nullstellensatz est alors de caractériser les idéaux du type I(X) et de décrire, pour un idéal de type fini J, l'idéal $I[V(J)]$.

Le premier théorème dans ce sens est le suivant :

Nullstellensatz pour les idéaux premiers.-

Pour un idéal premier $\mathfrak{p}$ de $\mathcal{O}(E)$, les propriétés suivantes sont équivalentes :

1. - $\mathfrak{p}$ est de hauteur finie,
2. - $\mathfrak{p}$ satisfait le lemme de normalisation,
3. - Il existe un germe analytique (de définition finie) X tel que $\mathfrak{p} = I(X)$.

Remarque. Nous disons, ici, que $\mathfrak{p}$ est de hauteur finie si il existe une chaine d'idéaux premiers : $\mathfrak{p}_0 \subset \mathfrak{p}_1 \subset \ldots\ldots \subset \mathfrak{p}_n = \mathfrak{p}$ qui est maximale parmi les chaines d'extrémité $\mathfrak{p}$. Si il en existe une de longueur n inférieure ou égale à m nous disons que $\mathfrak{p}$ est de hauteur inférieure ou égale à m.

En fait, il est possible de montrer que la longueur n de ces chaines d'idéaux est un invariant pour $\mathfrak{p}$, ce qui enlève toute ambiguité sur cette notion de hauteur.

La fin du paragraphe IV démontre $1 \Longrightarrow 2$. La démonstration de $2 \Longrightarrow 3$ utilise la technique des revêtements ramifiés.

Nous pourrons démontrer $3 \Longrightarrow 1$ à partir des résultats du paragraphe suivant.

VI. - Le Nullstellensatz pour les idéaux de type fini et les germes analytiques de définition finie

Pour passer du cas des idéaux premiers au cas général, nous devons maintenant établir plusieurs théorèmes d'algèbre.

Soit I un idéal de $\mathcal{O}(E)$. Nous savons (théorème de Zorn) que tout idéal premier contenant I contient un idéal premier minimal parmi ceux qui contiennent I. Ces idéaux premiers minimaux sont dits <u>minimaux pour I</u>.

L'intersection des idéaux premiers contenant I est donc égale à l'intersection des idéaux premiers minimaux pour I. On sait, d'autre part, que cette intersection est la racine de I, notée ici : Rad. I.

Le théorème clé est alors le suivant :

<u>Théorème 1.</u> - <u>Soit I un idéal (non trivial) de $\mathcal{O}(E)$ engendré par n éléments, alors les idéaux premiers minimaux pour I sont de hauteur inférieure ou égale à n et sont en nombre fini.</u>

En dimension finie, on démontre ce théorème en utilisant des propriétés noethériennes et la décomposition primaire de I. Ici nous devrons utiliser le fait que $\mathcal{O}(E)$ est factoriel.

Avant de faire cette démonstration, tirons les conséquences du théorème.

Théorème 2. - Si X est un germe analytique de définition finie, on peut trouver une famille finie $(X_1, \ldots, X_n)$ de germes analytiques irréductibles de définition finie qui vérifie :

$$X = X_1 \cup X_2 \cup \ldots \cup X_n$$

En outre on peut exiger que les X_i ne vérifient aucune relation d'inclusion non triviale. L'ensemble des X_i est alors déterminé de façon unique. On dit que les X_i sont les composantes irréductibles de X.

Soient $f_1, \ldots, f_n$ des germes de fonctions analytiques qui définissent X et I l'idéal qu'ils engendrent. D'après le théorème 1, les idéaux premiers minimaux pour I sont en nombre fini et de hauteur inférieure ou égale à n.

Soient $\mathfrak{p}_1, \ldots, \mathfrak{p}_n$ ces idéaux premiers.

Le Nullstellensatz pour les idéaux premiers ($1 \Longrightarrow 3$) assure alors que les $\mathfrak{p}_i$ peuvent s'écrire $I(X_i)$ où X_i est un germe analytique de définition finie. Puisque $I(X_i)$ est premier, X_i est irréductible.

D'autre part, X_i étant de définition finie, peut s'écrire $V(J_i)$, où J_i est un idéal de type fini. Soit J le produit des idéaux J_i. L'idéal J est encore de type fini et définit le germe $X_1 \cup X_2 \cup \ldots \cup X_n$. Montrons que I et J définissent le même germe.

Il suffit de montrer que tout élément de J s'annule sur $V(I)$ et tout élément de I s'annule sur $V(J)$.

Soit f un élément de J, on a : $(\forall i)(f \in J_i \subset \mathfrak{p}_i)$ d'où : $f \in \bigcap_i \mathfrak{p}_i = \mathrm{Rad}\, I$.

Ceci implique que f est nul sur $V(I)$.

Soit f un élément de I, on a : $(\forall i)(f \in \mathfrak{p}_i)$, d'où, pour tout i, f est nul sur X_i, et donc f est nul sur la réunion des X_i soit $V(J)$.

Cette égalité implique : $X = X_1 \cup X_2 \cup \ldots \cup X_n$.

Comme les $\mathfrak{p}_i$ sont les idéaux premiers minimaux d'un idéal, il n'y a aucune relation d'inclusion non triviale entre eux. De même, il n'y a aucune relation d'inclusion non triviale entre les X_i.

L'unicité de la décomposition vient de ce que les X_i sont irréductibles (démonstration identique à celle donnée en dimension finie).

<u>Théorème 3</u> (<u>Nullstellensatz</u>).

<u>Si</u> J <u>est un idéal de type fini de</u> $\mathcal{O}(E)$ <u>, on a :</u>

$$I(V(J)) = \text{Rad } J$$

En effet, si $X = V(J)$, la décomposition en germes irréductibles de X est : $X = X_1 \cup X_2 \cup \ldots \cup X_n$, où les idéaux $I(X_i)$ sont les idéaux premiers minimaux pour I. On a alors :

$$I(V(J)) = \bigcap I(X_i) = \bigcap \mathfrak{p}_i = \text{Rad } I.$$

Démontrons enfin la partie $3 \Longrightarrow 1$ du Nullstellensatz pour les idéaux premiers :

Soit X un germe analytique irréductible de définition finie. Ce germe peut s'écrire $V(J)$ où J est un idéal de type fini. L'idéal $I(X)$ est alors l'idéal premier Rad J. C'est donc le seul idéal premier minimal pour J. D'après le théorème 1, cet idéal est de hauteur finie.

VII. - Démonstration du théorème 1

La démonstration se fait par récurrence sur le nombre n de générateurs.

Pour n = 0, l'idéal est réduit à 0 et le théorème est évident.

Pour n = 1, l'idéal I est principal engendré par f.
Comme $\mathcal{O}(E)$ est factoriel, il est aisé de voir que les idéaux premiers minimaux sont les idéaux principaux engendrés par chacun des facteurs irréductibles de f. Ceci démontre le théorème car de tels idéaux sont évidemment de hauteur 1.

Récurrence : Soient $f_1, \ldots, f_n$ des générateurs de I et I' l'idéal engendré par $f_1, \ldots, f_{n-1}$. Si $\mathfrak{p}$ est un idéal premier contenant I, $\mathfrak{p}$ contient un idéal premier $\mathfrak{p}'$ minimal pour I'. Il est clair que si $\mathfrak{p}$ est minimal pour I il est minimal parmi les idéaux premiers qui contiennent $\mathfrak{p}'$ et f_n, (la réciproque étant fausse).

D'après l'hypothèse de récurrence, les idéaux $\mathfrak{p}'$ possibles sont en nombre fini et de hauteur inférieure ou égale à n-1. On est donc ramené à démontrer le théorème :

Théorème 1'. - Soient $\mathfrak{a}$ un idéal de $\mathcal{O}(E)$ de hauteur inférieure ou égale à m et f un élément (non inversible) de $\mathcal{O}(E)$. Alors les idéaux premiers de $\mathcal{O}(E)$ minimaux parmi ceux qui contiennent $\mathfrak{a}$ et f sont en nombre fini et de hauteur inférieure ou égale à m+1.

Pour démontrer ce théorème, on peut passer au quotient par $\mathfrak{a}$. On est ramené alors à démontrer que, dans $\mathcal{O}(E)/\mathfrak{a}$ les idéaux premiers minimaux pour l'idéal (f'), où f' est la classe de f, sont en nombre fini et de hauteur inférieure ou égale à 1.

Cela est évident si $f' = 0$, nous pouvons donc supposer $f' \neq 0$. D'autre part, comme f appartient à l'idéal maximal de $\mathcal{O}(E)$, f' n'est pas inversible. Enfin , puisque $\mathfrak{q}$ est de hauteur finie, il satisfait au lemme de normalisation.

Soit H un sous-espace transverse maximal à $\mathfrak{q}$. On a alors un morphisme :

$$\mathcal{O}(E/H) \hookrightarrow \mathcal{O}(E)/\mathfrak{q}$$

qui est injectif.

Posons A = image de $\mathcal{O}(E/H)$ et B = $\mathcal{O}(E)/\mathfrak{q}$.

L'anneau A est alors un sous-anneau factoriel de l'anneau intègre B. En outre B est un un A-module de type fini.

Pour démontrer le théorème 1' nous allons établir :

Théorème 4. - *Soit A un sous-anneau factoriel d'un anneau intègre B. On suppose que B est un A-module de type fini. Si b est un élément de B, ni nul, ni inversible , les idéaux premiers de B minimaux pour l'idéal B.b sont en nombre fini et de hauteur 1.*

Remarquons tout d'abord que, comme B est un A-module de type fini, la A-algèbre B est entière.

Soit $\mathfrak{p}$ un idéal premier de B, minimal pour B.b. La trace $\mathfrak{q}$ de $\mathfrak{p}$ sur A est un idéal premier de A. Pour montrer que $\mathfrak{p}$ est de hauteur 1, il suffit de montrer que $\mathfrak{q}$ est de hauteur 1 (théorèmes de Cohen-Seidenberg). D'autre part, puisque B est un A-module de type fini, un idéal premier de A n'a qu'un nombre fini de relèvements dans B. Nous pouvons donc démontrer le théorème en montrant que les idéaux $\mathfrak{q}$ possibles sont de hauteur 1 et en nombre fini.

Introduisons le corps des fractions K de B qui contient le corps des fractions k de A .

Puisque B est un A-module de type fini, K est un k-espace vectoriel de dimension finie.

Si x est un élément de K, la multiplication par x est une application k-linéaire qui a un polynome caractéristique P_x à coefficients dans K. Le terme constant de ce polynome sera noté N(x), c'est la norme de x. Si x est un élément non nul, la multiplication par x dans K est bijective, son déterminant , qui est N(x), est donc non nul.

Comme A est intégralement clos, les éléments x entiers sur A sont ceux pour lesquels P_x est à coefficients dans A.

En particulier, comme b appartient à B, il est entier sur A et P_b est à coefficients dans A. En écrivant que b annule son polynome caractéristique, il vient : $0 = N(b) + b\,R(b)$, où R est à coefficients dans A. Par conséquent, R(b) appartient à B.

Considérons alors un idéal premier de B qui contient b, soit $\mathfrak{P}$. D'après l'égalité : $N(b) = - b \,.\, R(b)$, la norme de b appartient à la trace $\mathfrak{q}$ de $\mathfrak{P}$ sur A. Or nous savons que , b étant non nul, N(b) n'est pas nul ; d'autre part l'idéal $\mathfrak{q}$ est premier. Cet idéal contient donc l'un des facteurs irréductibles de N(b).

Nous allons montrer que, si $\mathfrak{P}$ est minimal pour B.b., l'idéal $\mathfrak{q}$ est principal , et engendré par l'un des facteurs irréductibles de N(b) . Il s'en suivra que les idéaux $\mathfrak{q}$, traces d'un idéal premier minimal pour B.b sont en nombre fini et de hauteur 1, d'où la démonstration du théorème 4.

Pour cela nous utilisons le lemme suivant :

<u>Lemme</u>. - <u>Avec les notations précédentes, si</u> a <u>est un élément non nul de</u> A

premier avec N(b) et si x est un élément de B, l'hypothèse : $\frac{bx}{a}$ entier sur A implique que $\frac{x}{a}$ est entier sur A.

Tout d'abord, -R(b) étant entier sur A, si $\frac{bx}{a}$ est entier sur A, le produit

$\frac{N(b)x}{a}$ est entier sur A.

Le polynome caractéristique de x s'écrit alors $X^n + \alpha_1 X^{n-1} + \ldots + \alpha_n$ où les α_i sont dans A (puisque x est entier sur A).

Celui de $\frac{N(b)x}{a}$ s'écrit $X^n + \beta_1 X^{n-1} + \ldots + \beta_n$ où : $\beta_i = (\frac{N(b)}{a})^i \alpha_i$

Par hypothèse $\frac{N(b)x}{a}$ est entier sur A, donc les β_i appartiennent à A. Autrement dit, dans A, $(N(b))^i \cdot \alpha_i$ est divisible par a^i. Comme a est premier avec N(b) c'est que α_i est divisible par a^i, ou $\frac{\alpha_i}{a^i} \in A$. Or les $\frac{\alpha_i}{a^i}$ sont les coefficients du polynome caractéristique de $\frac{x}{a}$. L'élément $\frac{x}{a}$ est donc entier sur A.

Considérons alors un idéal premier de B minimal pour B.b, soit $\mathfrak{p}$

Notons $\mathfrak{q}$ la trace de $\mathfrak{p}$ sur A. Nous avons remarqué que $\mathfrak{q}$ contient l'un au moins des facteurs irréductibles de N(b), soit α. Il s'agit de montrer que $\mathfrak{q}$ est l'idéal engendré par α. Ceci revient à dire que tout élément de $\mathfrak{q}$ est divisible par α. Raisonnons par l'absurde, supposons l'existence d'un élément q dans $\mathfrak{q}$ non divisible par α.

On peut décomposer N(b) en $\alpha^i \cdot \beta$, où β n'est pas divisible par α. Posons alors : $a = q\beta + \alpha$; l'élément a appartient encore à q et n'est divisible ni par α, ni par un facteur irréductible de β. Il est donc premier avec N(b).

L'idéal $\mathfrak{p}$ est minimal pour B.b, en particulier, il n'y a pas d'idéal premier dans B qui contienne B.b, soit contenu dans $\mathfrak{P}$ et ne contienne pas a. Ceci implique que la partie multiplicative engendrée par B - $\mathfrak{P}$ et a rencontre l'idéal B.b. D'où une relation :

$$\sigma a^n = \lambda b$$

où $\sigma \in B - \mathfrak{P}$ et $\lambda \in B$.

On en dira que $\frac{\lambda b}{a^n}$ est entier sur A. Comme a^n est premier avec N(b), le lemme assure que $\frac{\lambda}{a^n}$, c'est-à-dire $\frac{\sigma}{b}$ est entier sur A.

Ecrivons une relation de dépendance intégrale de $\frac{\sigma}{b}$, il vient :

$$\sigma^n + \gamma_1 \sigma^{n-1} b + \dots + \gamma_n b^n = 0, \text{ où les } \gamma_n \text{ sont dans } A .$$

Cette relation implique que σ^n , donc σ, appartient à $\mathfrak{P}$, ce qui est en contradiction avec l'hypothèse faite sur σ. D'où le théorème.

B I B L I O G R A P H I E

[1] - BOURBAKI (N.). - Algèbre Commutative. Chapitre V.

[2] - MAZET (P.). - Séminaire de Géométrie analytique analytique, 1968-69 (Publications mathématiques d'Orsay), exposés 10 et 11.

[3] - RAMIS (J.-P.). - Séminaire P.LELONG, 1967-68, Lecture-Notes, SPRINGER n° 71, exposé 15.

[4] - RAMIS (J.-P.). - Thèse, Avril 1969.

Séminaire P.LELONG
(Analyse)
10e année, 1969/70

25 Février 1970
3 Septembre (Nice)

THÉORÈME DE BANACH-STEINHAUS POUR LES POLYNOMES ; APPLICATIONS ENTIÈRES D'ESPACES VECTORIELS COMPLEXES

par P. L E L O N G (Paris)

1. Introduction. Nous rappellerons d'abord quelques résultats que nous avons donnés dans [3 , f] sur les familles d'applications polynomiales $E \rightarrow F$, $E,F \in$ E.V.T. sur $\mathbb{C}$, puis nous les utiliserons pour compléter les résultats de la note [3, e], en donnant des notions de "croissance" pour les applications $E \rightarrow F$ holomorphes sur tout E (c'est-à-dire pour les applications entières d'espaces vectoriels complexes). Les hypothèses qu'on fera sur E sont d'être espace de Baire, ou C-tonnelé (cf. § 2), ou d'avoir un voisinage de l'origine borné, ces propriétés pouvant se cumuler. Sur F on supposera que la topologie est définie par des quasi-normes plurisousharmoniques, mais dans les cas les plus intéressants on a été obligé de supposer (plus particulièrement) que F est localement convexe (1).

2. - Quasi-normes plurisousharmoniques. Espaces C-tonnelés

On appellera quasi-norme sur E, $E \in$ E.V.T. sur $\mathbb{C}$, toute fonction plurisousharmonique $p(x)$ qui vérifie

$$p(ux) = |u| \, p(x)$$

pour tout $x \in E$, et tout $u \in \mathbb{C}$. L'espace E sera dit localement pseudo-convexe s'il existe une base $\{V_i\}$, $i \in J$, de voisinages de

Erratum. Dans [3,d], théorème 18, la démonstration suppose implicitement E localement borné (voir l'énoncé correct dans [3,f] et ici § 5) Ibidem p.100, définition A, le mot uniforme doit évidemment être supprimé.

l'origine sur E, dont les jauges $p_i(x)$ sont des quasi-normes continues. Enfin E sera dit C-tonnelé s'il est localement pseudo-convexe, séparé, et si est vérifiée la propriété :

Pour toute famille $p_i(x)$ de quasi-normes continues, simplement bornées, $\pi(x) = \sup p_i(x)$ admet une majorante $m(x)$ qui est une quasi-norme. Alors $\pi(x)$ est borné au voisinage de l'origine et on peut prendre pour $m(x)$ la régularisée supérieure $\pi^*(x)$ de $\pi(x)$. Pour ces notions introduites succintement dans [3, d], on renvoie à [3, f] ; on rappelle que si E est un espace de Baire, il est C-tonnelé. Une fonction convexe et continue sur E est plurisousharmonique. Il en résulte que si E est localement convexe (E.L.C.), E est localement pseudo-convexe. S'il est R-tonnelé (c'est-à-dire tonnelé au sens usuel), il est C-tonnelé (cf. [3, f]). On rappelle qu'une quasi-norme est nécessairement positive.

On va d'abord compléter ce qu'on a dit dans [3,f] sur les familles de quasi-normes en se plaçant dans le cas général où E est un E.V.T. complexe quelconque.

Proposition 1. - Pour une famille $p_i(x)$ de quasi-normes, les propriétés suivantes sont équivalentes, où l'on pose $\pi = \sup\limits_i p_i$; $i \in \mathfrak{I}$:

a) Il existe un voisinage de l'origine, soit U, disqué, et M, $0 < M < \infty$ tels que l'on ait $\pi(x) \leqslant M$ pour $x \in U$.

b) Il existe $M < \infty$ et un voisinage U disqué de l'origine, de jauge p_U tels que l'on ait pour tout $x \in E$

(1) $\pi(x) \leqslant M\, p_U(x)$,

c) Il existe un ouvert $\omega \subset E$ où l'on a $\pi(x) \leqslant M < \infty$

d) $\pi(x)$ est localement borné en tout point de E.

e) $\pi^*(x) =$ reg. sup. $\pi(x)$ est une quasi-norme.

Démonstration. a) équivaut à $p_i(x) \leqslant M$ pour $x \in U$ et tout $i \in \mathfrak{I}$. D'où, par homogénéité : $p_i(x) \leqslant M\, p_U(x)$, et $a \leftrightarrow b$; $b \rightarrow c$ est évident.

Montrons c $\rightarrow$ a : il existe $x_o \in E$ et un voisinage disqué U de l'origine tels qu'on ait $x_o + U \subset \omega$, c'est-à-dire $p_i(x_o + y) \leqslant M$ pour $y \in U$. Mais le "lemme de transport" pour les fonctions plurisousharmoniques homogènes (cf. [3, d]) donne, U étant disqué :

$$M \geqslant \sup_{y \in U} p(x_o + y) \geqslant \sup_{y \in U} p(y).$$

D'où c $\rightarrow$ a et a $\leftrightarrow$ b $\leftrightarrow$ c .

Montrons b $\rightarrow$ d : (1) étant vérifié, soit V un voisinage disqué de l'origine tel qu'on ait $V + V \subset U$. Soit $x_o \in E$: il existe $c > 1$ tel qu'on ait $x_o \in c\,V$. Alors on a

$$x_o + V \subset c(V + V) = c\,U$$

et d'après (1) , on a $\pi(x) = \sup p_i(x) \leqslant M$ pour $x - x_o \in V$. D'autre part d $\rightarrow$ a est évident. Reste à montrer l'équivalence de e avec les précédents . Montrons d $\rightarrow$ e : d'après une propriété générale des familles plurisousharmoniques bornées, $\pi^* = \text{reg sup}\ \pi$ est plurisousharmonique ; de plus $p_i(ux) = |u|\ p_i(x)$ entraîne $\pi(ux) = |u|\ \pi(x)$ et $\pi^*(ux) = |u|\ \pi^*(x)$. Montrons alors e $\rightarrow$ c : soit $\pi^*(x_o) = \alpha$ et $\alpha < M < \infty$; $\pi^*(x) < M$ est un ouvert ω dans lequel on a $p_i(x) < M$ pour tout i, ce qui achève la démonstration.

3. - <u>Extension à une classe de croissance minimale</u>. Il est remarquable que certaines propriétés précédentes s'étendent aux fonctions plurisousharmoniques de croissance minimale sur un espace vectoriel. On a étudié cette classe dans [3, a, Annexe] en dimension finie. En dimension infinie on posera :

<u>Définition 1.</u> - <u>On dira que</u> f(x) <u>appartient à la classe</u> $S_\sigma(E)$, $\sigma > 0$, <u>si</u> f(x) <u>est plurisousharmonique sur l'espace vectoriel</u> E <u>et vérifie pour tout</u> $y \in E$:

(1) $$\limsup \frac{f(uy)}{\log|u|} \leqslant \sigma\ , \quad u \in \mathbb{C},\ \ |u| \rightarrow +\infty .$$

Proposition 2. - Pour que l'on ait $f \in S_\sigma(E)$, il faut et il suffit que (1) soit vérifié pour $y \in A$, A étant un ensemble absorbant.

En effet posons

(2) $$L(x, y) = \limsup \frac{f(x+uy)}{\log |u|}, \quad u \in \mathbb{C}, \quad |u| \to +\infty .$$

Soit $v \in \mathbb{C}$; on a

(3) $$L(x, vy) = L(x, y) .$$

En effet, soit $u' = uv$, $\log |u'| \sim \log |u|$ quand $|u| \to +\infty$, d'où (3) ; on remarquera qu'on a $L(x, y) = -\infty$ si et seulement si $f(x + uy) \equiv -\infty$ pour $u \in \mathbb{C}$. D'autre part $L(x, y)$ ne peut prendre que des valeurs positives , ou la valeur $-\infty$; $L(x, y) = 0$ entraîne que $f(x + uy)$ soit constant pour $u \in \mathbb{C}$; c'est une conséquence du fait que si $\varphi(u)$ est sousharmonique de $u \in \mathbb{C}$, $M(r) = \sup \varphi(u)$, $|u| \leq r$, est fonction convexe croissante de $\log r$. De (3) on déduit $L(0, vy) = L(0, y)$: si (1) est vérifié pour $y \in A$, A absorbant, on a $L(0, y) \leq \sigma$ pour $y \in A$, donc pour tout $y \in E$ d'après (3). Généralisons alors un énoncé que nous avons donné dans [3, e] :

Proposition 3. - Soit $f \in S_\sigma(E)$ et $M > f(0)$. Si V est un voisinage disqué de l'origine, de jauge $p_V(x)$, si l'on a $f(x) \leq M$ pour $x \in V$, alors, pour tout $x \in E$:

(4) $$f(x) \leq M + \sigma \log^+ p_V(x) \quad , \text{ où } \log^+ a = \sup(0, \log a) .$$

En effet on a $f(x) < M$ dans un voisinage disqué V de l'origine, d'où (4) pour $x \in V$. Soit $y \notin V$. On a : $1 \leq p_V(y) < \infty$. Pour $u \in C$, considérons la fonction sousharmonique $\varphi(u) = f(uy)$ et $M(r) = \sup \varphi(u)$ pour $|u| \leq r$: le graphe de M fonction de $\log r$, est convexe croissant, donc au dessous de la droite de pente σ menée par le point $r = p_V^{-1}(y)$. On en déduit

$$f(uy) \leq M + \sigma \log |u| - \log p_V^{-1}(y)$$

et pour $|u| = 1$, $y = x$, on obtient (4), qui est donc valable pour tout $x \in E$.

Proposition 4. - Soit $f \in S_\sigma(E)$. Pour $u \in \mathbf{C}$, $|u| \geqslant m$, $m \geqslant 2$ la famille de fonctions plurisousharmoniques de $x \times y \in E \times [E - \{0\}]$

$$g(u, x, y) = (\log |u|)^{-1} f(x + uy)$$

est localement bornée supérieurement indépendamment de u.

En effet de (4) on tire

$$f(x + uy) \leqslant M + \sigma \log^+ p_V(x + uy)$$
$$\leqslant M + \sigma \log^+ |u| + \sigma \log^+ p_V(u^{-1}x + y) .$$

Soit W un voisinage disqué de l'origine tel qu'on ait $W + W + W \subset V$ et $x - x_o \in W$, $y - y_o \in W$.
On a, x_o, y_o étant donnés dans E :

$$u^{-1}x + y = u^{-1} x_o + y_o + u^{-1}(x - x_o) + y - y_o .$$

Pour $|u| \geqslant m$, $u^{-1} x_o + y_o$ est un compact K ; il existe $c > 1$ tel qu'on ait $K \subset c W$; il en résulte

$$u^{-1} x + y \subset c W + W + W \subset c V$$

et $\log^+ p_V(u^{-1}x + y) \leqslant c$, d'où

$$(5) \qquad g(u, x, y) \leqslant (M + \sigma \log c)(\log m)^{-1} + \sigma .$$

Corollaire. a) La borne supérieure (5) dans $x_o + W$, $y_o + W$ est valable uniformément pour toutes les fonctions f de classe $S_\sigma(E)$ qui vérifient $f(x) \leqslant M$ dans un même voisinage V de l'origine.

b) Si $f \in S_\sigma(E)$, on a $f_1(x) = f(x - x_o) \in S_\sigma(E)$.

C'est une conséquence de (5) pour $m \to +\infty$.

Théorème 1. - Soit $f \in S_\sigma(E)$. Alors l'indicatrice $L(x, y)$ définie par (2) vérifie $L(x, y) \leqslant \sigma$. De plus $L(x, y)$ a pour régularisée supérieure dans l'espace produit des $x \times y$, une fonction $L^*(x, y)$ qui est une constante $\sigma_o \leqslant \sigma$. On a

$$(6) \qquad L^*(x, y) = \operatorname{reg}\sup_{x \times y} L(x, y) = \operatorname{reg}\sup_y L(x, y) .$$

Démonstration. On a $L(x, y) = \lim\sup g(u, x, y)$, quand $|u| \to +\infty$.

Pour $m \to +\infty$, on a d'après (5)

$$L(x, y) \leqslant \sigma .$$

Il en résulte $L^*(x, y) \leqslant \sigma$; en x et en y, $L^*(x, y)$ est fonction plurisousharmonique, bornée, donc une constante $\sigma_0 \leqslant \sigma$. De plus considérons $L_1(x,y) = \text{reg sup}_x\, L(x, y)$.

C'est une fonction plurisousharmonique de x, bornée supérieurement, donc indépendante de x. On a alors quels que soient x et x_0

$$L(x, y) \leqslant L_1(x_0, y)$$

(7) $\quad L^*(x, y) = \underset{x \times y}{\text{reg sup}}\; L(x, y) \leqslant \text{reg sup}_y\, L_1(x_0, y) \leqslant L^*(x_0, y).$

D'où, pour $x = x_0$, l'égalité (6).

En particulier, on a, quels que soient x, y :

$$L^*(x, y) = \text{reg sup}_y\, L(0, y) = \sigma_0 \leqslant \sigma.$$

<u>Corollaire.</u> <u>Soit</u> f <u>une fonction plurisousharmonique sur</u> E. <u>Si l'on a pour</u> $y \in A$, A <u>absorbant</u> :

$$\sup_{y \in A} \left[\lim\sup\; (\log |u|\,)^{-1}\, f(uy) \right] = \sigma_0 < \infty,\quad u \in C,\ |u| \to +\infty,$$

alors on a $f \in S_{\sigma_0}(E)$, la régularisée $L^*(x, y)$ définie par (2) et (6) est égale à σ_0 et l'on a la majoration (4), où M majore f(x) dans un voisinage V de l'origine, et σ est remplacé par σ_0.

<u>Théorème 2.</u> - a) <u>Soit</u> $S'_\sigma(E)$ <u>la classe des fonctions plurisousharmoniques de</u> E <u>qui vérifiant pour tout</u> $x \in E$ <u>et tout</u> $u \in \mathbb{C}$:

(8) $$f(ux) = \sigma \log |u| + f(x) \quad , \quad \sigma \geqslant 0 .$$

<u>Soit</u> $E_1 = E \times \mathbb{C}$:

<u>Alors il existe des bijections</u>

$$S_\sigma(E) \xrightarrow{\ i\ } S'(E_1) \xrightarrow{\ j\ } QN(E_1)$$

<u>où</u> $QN(E_1)$ <u>est la famille des quasi-normes sur</u> $E \times C$.

b) <u>Soit</u> $f \in S_\sigma(E)$ <u>: on définit</u>

$h(x) = \lim\sup[f(ux) - \sigma \log |u|]$, <u>pour</u> $|u| \to +\infty$. <u>Alors</u> $f \to h$ <u>est une projection de</u> $S_\sigma(E)$ <u>sur</u> S'_σ (E) auquel il faut ajouter la constante $-\infty$.

En effet soit $f \in S_\sigma(E)$; posons

(9) $$g(\lambda, x) = \sigma \log |\lambda| + f(x\lambda^{-1}) .$$

On a $g(u\lambda, ux) = \sigma \log |u| + g(\lambda, x)$; g est plurisousharmonique sur $E \times C$, sauf peut-être aux points de $E \times \{0\}$. Soit $x_o \in E \times \{0\}$ et un voisinage $\left[|\lambda| < a, \quad x - x_o \in V\right]$ de $(0, x_o)$; on choisit V tel que l'on ait $f(x) \leqslant M$ pour $x - x_o \in V$. On a

$$f(x) \leqslant M + \sigma \log^+ p_V(x - x_o).$$

On déduit alors de (9), pour $|\lambda| \leqslant a < 1$

(10) $$\begin{aligned} g(\lambda, x) &\leqslant \sigma \log |\lambda| + M + \sigma \log^+ p_V(x\lambda^{-1} - x_o) \\ &\leqslant \sigma \log |\lambda| + M + \sigma \log^+ |\lambda^{-1}| + \sigma \log p_V(x - \lambda x_o) \\ &\leqslant M + \log^+ p_V(x - \lambda x_o) . \end{aligned}$$

Pour $x - x_o \in V$, on a $x - \lambda x_o \in x_o(1 - \lambda) + V = K + V$ en désignant par K le compact décrit par $x = (1 - \lambda)x_o$ pour $|\lambda| \leqslant a$; alors $p_V(x)$ est borné sur K + V car il existe $c > 0$ tel qu'on ait $K \subset c\, V$, $K + V \subset (c + 1) V$. Donc $g(\lambda, x)$ est borné supérieurement au voisinage de tout point de $E \times \{0\} \subset E_2$ et se prolonge par continuité à tout l'espace E_1 (cf. [5]) en une fonction plurisousharmonique. En sens inverse i^{-1} peut être défini en choisissant un sous-espace de E_1, soit $M = \{\lambda x_o\}$, en prenant le quotient $E_2 = E_1/M$ et en définissant f comme la restriction de $g \in S'_\sigma(E_1)$ à un sous-espace affine E, translaté de E_2.

L'application j est évidente . Soit $f \in S'_\sigma(E_1)$: $q(x) = \exp \sigma^{-1} f$ est plurisousharmonique homogène, c'est une quasi-norme. Inversement une quasi-norme q étant donnée sur E_1, $f = \log q$ est plurisousharmonique (cf. 3,b) et vérifie (8) pour $\sigma = 1$.

Reste à montrer b) : il est clair que $h_u(x) = f(ux) - \sigma \log |u|$ appartient à $S_\sigma(E)$ pour tout u, $|u| > 1$, $u \in \mathbb{C}$. D'autre part, soit, pour $x \in E$, $x \neq 0$, $\psi_x(r) = \sup_{|u| \leqslant r} f(ux)$. On a pour $|u| \to +\infty$

$\limsup h_u(x) = \lim_{r=\infty} [\psi_x(r) - \sigma \log r]$; $\psi_x(r) - \sigma \log r$ est une fonction décroissante quand $r \to +\infty$ et tend vers h(x) qui est donc plurisousharmonique ou la constante $-\infty$; l'égalité $h(vx) = h(x) + \sigma \log |v|$ résulte de la définition.

Proposition 5. - Les applications i, j et leurs inverses transforment une famille bornée supérieurement dans un voisinage de l'origine en une famille de même nature.

Soit $f \in S_\sigma(E)$ et $f(x) \leq M$, $x \in V$, V voisinage disqué de l'origine; alors pour $|\lambda| < 1/2$, $x \in V/2$, on a d'après (9) : $g(\lambda, x) \leq M$.
En sens inverse supposons $g(\lambda, x) \in S'_\sigma(E_1)$, $E_1 = E \times \mathbb{C}$, et $g(\lambda, x) \leq M$ pour $|\lambda| \leq c$, $x \in V$, V étant un voisinage de l'origine dans E.
On a $g(u\lambda, ux) \leq M + \sigma \log|u|$. Soit $f(x) = g(\lambda_o, x)$; on choisit $u_o = \lambda_o c^{-1}$; il en résulte $g(\lambda_o, x) = f(x) \leq M + \sigma\log|u_o|$ pour $x \in u_o V$ et $u_o V$ est un voisinage de l'origine. La propriété analogue pour j et j^{-1} est évidente.

Théorème 3. - Pour une famille $\{f_i(x)\}$, $i \in \mathfrak{J}$, de fonctions plurisousharmoniques appartenant à une classe $S_\sigma(E)$, $\sigma > 0$, les propriétés suivantes sont équivalentes, où l'on pose $M(x) = \sup_i f_i(x)$, $i \in \mathfrak{J}$:

a) Il existe un voisinage U disqué de l'origine et $M_o < \infty$, tel qu'on ait $f_i(x) \leq M_o$ pour $x \in U$ et tout i.

b) On a $M(x) \leq M_o + \sigma \log^+ p_U(x)$, p_U jauge de U, où U est un voisinage de l'origine.

c) Il existe un ouvert $\omega \subset E$ où M(x) a une borne supérieure finie.

d) M(x) est localement borné en tout point de E.

e) $M^*(x) = \text{reg sup } M(x)$ est une fonction plurisousharmonique sur E.

Démonstration. a $\to$ b résulte de la proposition 3 ; b $\to$ a est évident, ainsi que b $\to$ c. Montrons c $\to$ a : soient $x_o \in \omega$ et V un voisinage disqué de l'origine tels que l'on ait $x_o + V \subset \omega$ et $M(x) \leq M_o$ pour $x - x_o \in V$. On a alors $f(x - x_o) \in S_\sigma(E)$ d'après le corollaire b) de la proposition 4, et

$$f(x) \leq M_o + \sigma \log^+ p_V(x - x_o) .$$

Soit W un voisinage disqué de l'origine tel qu'on ait $W + W \subset V$; il existe $c > 1$, tel que $x \in W$ entraîne $x - x_o \in c\,W + W \subset c\,V$; et $f(x) \leq M_o + \sigma \log c$ ce qui est a . Ainsi a, b, c sont équivalents.

La démonstration b $\rightarrow$ d se fait comme à la proposition 1, et d $\rightarrow$ a est évident.

Enfin d $\rightarrow$ c résulte des propriétés générales des fonctions plurisousharmoniques, enfin e $\rightarrow$ a, car $M^*(x)$ est borné supérieurement dans un voisinage de l'origine.

4. - Cas où E est espace de Baire. On dira qu'une fonction plurisousharmonique f est continue s'il en est ainsi de exp f. On a évidemment :

Proposition 6. - Soit E , espace vectoriel topologique complexe et de Baire et $A \subset E$ un ensemble non maigre, soit $\{f_i\}$, une famille de fonctions plurisousharmoniques de classe $S_\sigma(E)$ et continues . Si $M(x) = \sup f_i(x)$ est fini sur A, alors la famille est localement bornée supérieurement sur tout E et les propriétés du théorème 3 sont vérifiées.

En effet M(x) est semi-continue inférieurement, $e_n = [x \in E \; ; \; M(x) \leq n]$ est fermé et A est contenu dans $\bigcup_n e_n$. Alors il existe n tel que $\overset{\circ}{e}_n \neq \emptyset$, ce qui établit la propriété c) du théorème 3.

Corollaire. Soit E espace de Baire complexe : si $M(x) = \sup f_i(x)$, $f_i \in S_\sigma(E)$, est fini en tout point d'un ensemble absorbant A ; f_i est une famille localement bornée supérieurement.

En effet $E \subset \bigcup_n n\,A$, donc A n'est pas maigre.

5. - Cas où E est de Baire et localement borné. Nous allons faire l'hypothèse supplémentaire : il existe dans E un voisinage borné V de l'origine. Alors on obtient un résultat qui est, au fond, la source du théorème 6 donné dans [3, f] , qu'on retrouvera comme corollaire.

Théorème 4. - Soient E un espace vectoriel complexe qui pour sa topologie est de Baire et possède un voisinage borné V de l'origine. Alors si $\{f_i\}$, $i \in \mathcal{J}$, est une famille de fonctions plurisousharmoniques continues sur E,de classe $S_\sigma(E)$, on a la propriété suivante, où $M(x) = \sup_i f_i(x)$ et où on pose $A = \left[x \in E \ ; \ M(x) < \infty\right]$:

a) Ou bien A est maigre et contenu dans les $-\infty$ d'une fonction S(x) plurisousharmonique dans E,

b) Ou bien A = E et la famille f_i est localement bornée supérieurement et a les propriétés indiquées au théorème 3.

Démonstration. Si la famille f_i est bornée supérieurement dans V la conclusion b) est vraie et l'énoncé est établi. Sinon, il existe une sous-suite f_p dans la famille, telle que les maxima

$$c_p = \sup f_p(x) \ , \ x \in V$$

vérifient $c_p \geq 1$, $c_{p+1} > c_p$, $\lim c_p = +\infty$, $\sum_1^\infty c_p^{-1} = \beta < \infty$.

Alors les fonctions

$$f'_p(x) = c_p^{-1} \ f_p(x)$$

appartiennent à $S_\sigma(E)$ et vérifient $f'_p(x) \leq 1$ pour $x \in V$. Il en résulte

(11) $\qquad f'_p(x) \leq 1 + \sigma c_p^{-1} \log^+ p_V(x)$

où $p_V(x)$ est la jauge de V , de sorte que tout $x \in E$ a un voisinage dans lequel les f'_p sont majorées indépendamment de p d'après le théorème 3; il en résulte que

$$g(x) = \limsup f'_p(x) \quad , \quad p \to +\infty \ ,$$

a une régularisée supérieure $g^*(x)$ qui est plurisousharmonique. D'autre part d'après (11), on a $g^*(x) \leq 1$ sur E et $g^*(x)$ est une constante ≤ 1.

Montrons que cette constante vaut 1. Soit $\sup_p f'_{p+s}(x) = g_s(x)$ et g_s^* la régularisée supérieure de g. Soit $\gamma = \lim_s g_s^*$, la limite étant décroissante. On a alors $\gamma(x) = g^*(x)$, E étant espace de Baire et les f'_p continues (cf. Proposition 6 de [3, f]) et l'on est ramené à montrer $\gamma(x) = 1$. S'il existe $x_o \in E$ tel qu'on ait $\gamma(x_o) = 1 - \alpha$, $\alpha > 0$, on a $f'_p(x) < 1 - \frac{\alpha}{2}$ pour $p \geqslant q$ et pour $x - x_o$ contenu dans un voisinage de l'origine qu'on peut prendre de la forme τV, $0 < \tau < 1$, les τV, $\tau \in R_+$ formant une base des voisinages de l'origine ; f'_p est de classe $S_{\sigma_p}(E)$ avec $\sigma_p = c_p^{-1}\sigma$, et $f'_p(x - x_o)$ également. On en déduit d'après (4)

$$f'_p(x) \leqslant 1 - \frac{\alpha}{2} + c_p^{-1}\sigma\left[\log^+ p_V(x - x_o) + \log \tau^{-1}\right] .$$

Mais V étant borné, $p_V(x-x_o)$ a une borne supérieure finie k pour $x \in V$. Il en résulte pour $p \geqslant q$, $x \in V$:

$$f'_p(x) \leqslant 1 - \frac{\alpha}{2} + c_p^{-1}\sigma\left[k - \log \tau\right]$$

On obtient contradiction avec l'hypothèse $\sup f'_p(x) = 1$ pour $x \in V$, quelque soit p, car le dernier terme tend vers zéro quand $p \longrightarrow +\infty$. On a donc $g^*(x) = \gamma(x) = 1$ sur E . D'autre part pour $x \in A$, on a $g(x) = \limsup f'_p(x) \leqslant 0$. On a donc

$$A \subset \left[x \in E \ ; \quad g(x) < g^*(x) = 1\right].$$

Les f_i étant continues, l'ensemble

$$A' = \left[x \in E \ ; \ g(x) < g^*(x) = \gamma(x)\right]$$

est maigre dans E, car les $A'_{s,m} = \left[x \in E \ ; \ g_s^*(x) - g_s(x) \geqslant \frac{1}{m}\right]$ sont fermés. m, s, entiers, et $\mathring{A}'_{s,m} = \emptyset$ par définition de la régularisée g_s^*. Alors $A'_s = \left[x \in E \ ; \ g_s(x) < g_s^*(x)\right]$ est un F_σ-maigre, et l'ensemble $A' = \left[x \in E \ ; \ g(x) < \gamma(x)\right]$, contenu dans la réunion des A'_s est maigre. Il existe donc $\zeta \in V$ en lequel on a

$$g(\zeta) = \limsup f_s(\zeta) = g^*(\zeta) = 1 .$$

On extrait de $\{f_p\}$ une suite f_t , $t \in N$, qui vérifie

$\sum_t \left| f_t(\xi) - 1 \right| < \infty$. La fonction

$$S_n(x) = \sum_1^n \left[f_t(x) - 1 \right]$$

est plurisousharmonique dans E et $S_n(x) \leq S_{n-1}(x)$ pour $x \in V$. Alors $S(x) = \lim_{n=\infty} S_n(x)$ est plurisousharmonique pour $x \in V$, car on a $S(\xi) > -\infty$.

Montrons que $S_n(x)$ converge encore vers une fonction plurisousharmonique au voisinage de $x_o \in E$: il existe $n_o \in N$, $n_o > 1$ tel que $x_o + V \subset n_o V$. Pour $x \in n_o V$, on a d'après (11) :

$$f_t(x) - 1 \leq \sigma c_t^{-1} \log n_o .$$

Les indices entiers étant certains des indices p, on a $\sum_1^\infty c_t^{-1} = \beta' < \beta$. Il en résulte :

$$(12) \qquad S(x) - \beta'' = \sum_{t=1}^{\infty} \left[f_t(x) - 1 - \sigma c_t^{-1} \log n_o \right], \; \beta'' = \beta' \log n_o .$$

Chaque crochet est négatif pour $x \in n_o V$, donc aussi pour $x - x_o \in V$. Il en résulte que $S(x) - \beta''$ est une fonction plurisousharmonique de x dans $n_o V$. Il en est de même de S(x) et, n_o étant quelconque, S(x) est plurisousharmonique dans E.

On a $S(x) = -\infty$ en tout point où la suite $\{f_i(x)\}$ est bornée supérieurement. Donc A est polaire et maigre dans E et le théorème 4 est établi.

6. - Extension du théorème de Banach-Steinhaus à l'ensemble des applications polynomiales $E \to F$

Théorème 5. - Soient E et F deux espaces vectoriels sur $\mathbb{C}$; on suppose F localement pseudo-convexe (F peut donc être pris localement convexe). Soit P_i une famille d'applications polynomiales homogènes continues de E dans F, degré $P_i = n_i$. On suppose que pour tout x appartenant à un ensemble $A \subset E$, il existe $\beta_x > 0$ et un borné B_x dans F de manière que l'on ait quel que soit l'indice i :

(13) $$P_i(x) \subset (\beta_x)^{n_i} B_x \quad , \quad x \in A .$$

Soit $\{W_\lambda\}$, $\lambda \in L$ *une base des voisinages disqués de l'origine dans* F, W_λ *de jauge* q_λ *continue et plurisousharmonique dans* F. *On fait sur* E, *et* A *l'une des hypothèses suivantes :*

a) E *est* C-*tonnelé et* A *est absorbant*

b) E *est espace de Baire et* A *est non maigre*

c) E *est espace de Baire, et localement borné;* A *n'est pas un ensemble maigre contenu dans les* $-\infty$ *d'une fonction plurisousharmonique sur* E.

Alors pour tout $\lambda \in L$, *la famille*

$$F_\lambda = \left\{ f_{\lambda,\, i}(x) = \frac{1}{n_i} \log q_\lambda \circ P_i(x) \right\}$$

a les propriétés du théorème 3 et il existe un voisinage disqué U_λ *de l'origine dans* E, *de jauge* $p_\lambda(x)$ *tel que l'on ait*

(14) $$q_\lambda \circ P_i(x) \leqslant \left[p_\lambda(x) \right]^{n_i} \text{ , pour tout } i \in \mathfrak{I}.$$

En particulier les $P_i(x)$ *sont équicontinus à l'origine.*

Démonstration. Les $f_{\lambda,i}(x)$ sont des fonctions plurisousharmoniques continues et vérifient $f_{\lambda,\, i}(ux) = \log |u| + f_{\lambda,i}(x)$.

Les $g_{\lambda,i} = \exp f_{\lambda,\, i}$ définies par

$$g_{\lambda,i}(x) = \left[q_\lambda \circ P_i(x) \right]^{1/n_i}$$

sont des quasi-normes continues et l'hypothèse (13) entraîne que pour tout $x \in A$

$$\pi_\lambda(x) = \sup_i g_{\lambda,i}(x)$$

a une valeur finie.

L'énoncé en résulte. Dans le cas a) la propriété (13) est vérifiée en tout point de E ; on peut donc supposer A = E et, comme E est C-tonnelé, π_λ a une régularisée supérieure π_λ^* qui est plurisousharmonique et (14) est établi en prenant $p_\lambda(x) = \pi_\lambda^*(x)$.

Dans le cas b) on applique la proposition 6 et on obtient (14).

Dans le cas c) on applique le théorème 4 pour obtenir (14) dans ce cas plus particulier que le précédent.

Remarque. 1°) Le cas a) s'applique à l'hypothèse A = E, E étant C-tonnelé et F localement convexe.

2°) Dans les cas b) et c) les démonstrations s'appliquent au cas où les applications P_i, degré $P_i = n_i$, ne sont pas nécessairement homogènes.

7. - Applications analytiques $E \to F$. On rappelle qu'une application $E \to F$ définie sur un ouvert G de E est dite analytique si

a) elle est continue

b) chaque point $x_o \in G$ a un voisinage $x_o + V$, dans lequel on a la représentation

$$f(x_o + h) = \sum_{o}^{\infty} P_m(h) \quad , \quad h \in V \tag{15}$$

les P_m sont des applications polynomiales homogènes continues, degré $P_m = m$, et où (15) converge (simplement) pour tout $h \in V$.

Reppelons l'énoncé suivant de Bochnak et Siciak [1, a et b].

Proposition 7. - Si U est un ensemble de E coupé par les sous-espaces vectoriels de dimension 1 selon un ouvert, si de plus $F \in$ (E.L.C.) est séquentiellement complet, alors les propriétés suivantes sont équivalentes, pour la série

$$f(h) = \sum_{o}^{\infty} P_m(h) \tag{16}$$

où les P_m sont polynomiales homogènes (non nécessairement continues)

(1) - Pour tout $h \in U$, (16) converge.

(2) - Pour tout $h \in U$, $\{P_m(h)\}$ est un borné B_h dans F.

(3) - Pour toute semi-norme q_λ d'une famille fondamentale sur F,

(17) $\sum q \circ P_m(h)$ converge pour tout $h \in U$.

Démonstration. (1) $\rightarrow$ (2) est évident ; (2) $\rightarrow$ (3) car pour h donné dans U, il existe par hypothèse $\tau > 1$, tel que $h' = \tau h \in U$. Alors si q_λ est donné, l'ensemble $P_m(h')$ étant borné, il existe $M_\lambda(h') < \infty$ tel qu'on ait $q \circ P_m(h') \leqslant M_\lambda(h')$.

D'où $q \circ P_m(h) \leqslant \tau^{-m} M_\lambda(h')$.

Enfin F étant localement convexe, on aura pour $h \in H$:

$$q \sum_k^{k+s} P_m(h) \leqslant \sum_k^{k+s} q \circ P_m(h) \leqslant M_{q,h'} \sum_k^{k+s} \tau^{-m} \tag{18}$$

qui montre que la série (17) converge pour tout $h \in U$.

Montrons (3) $\rightarrow$ (1): la première majoration (18) montre que pour $h \in U$, les

$$S_n(h) = \sum_0^n P_m(h)$$

forment une suite de Cauchy; F étant séquentiellement complet, les $S_n(h)$ et (16) convergent dans F pour tout $h \in U$, ce qui établit l'énoncé.

Il est important d'établir dans quel cas la série (15) converge dans tout voisinage de l'origine, condition nécessaire pour que (15) définisse une application analytique en x. On a un "lemme d'Abel" sous la forme suivante

Lemme. Soient E, $F \in$ E.V.T. sur C, $F \in$ E.L.C. et séquentiellement complet. Alors :

a) Soit pour h_1 donné, $h_1 \in E$, Δ_{o,h_1} le disque $x = uh_1$, $u \in C$, $|u| \leqslant 1$, et l'on suppose que $\{P_m(h_1)\}$ est un ensemble borné dans F. Alors

$$g(h) = \sum_0^\infty P_m(h) \tag{19}$$

converge uniformément sur tout disque $\Delta_{o,h}$, où $h = \tau h_1$, $\tau < 1$.

b) Si la suite $P_m(h)$ est simplement bornée sur un ensemble A, et si A_c est l'enveloppe disquée de A, alors (19) converge sur τA_c, pour tout $\tau < 1$.

En effet soit W un voisinage de l'origine dans F; il existe

$c_{k,\,w}$ tel qu'on ait :

$$P_m(h_1) \subset B_h \subset c_{k,\,w}\, W .$$

D'où, pour $h = uh_1$, $|u| \leqslant \tau < 1$:

$$S_{n,\,n+s}(h) = \sum_{n}^{n+s} P_m(h) \subset c_{h,\,w} \frac{\tau^n}{1-\tau} W$$

qui montre que étant donné W, le reste $R_n(h) = S_{n,\infty}(h)$ est dans W pour $n > n_o$ (n_o dépend de h et de W), ce qui établit l'énoncé.

Lorsque F n'est pas un Banach, l'étude des applications analytiques $E \to F$ présente des difficultés tenant à la convergence de la série (15) : nous dirons [pour $F \in$ (E.L.C.), séparé et séquentiellement complet] que (15) converge *relativement à la semi-norme* q_λ s'il existe un voisinage de l'origine dans E, soit U_λ, de jauge $p_\lambda(x)$, tel que $\lim_n q_\lambda \circ R_n(x) = 0$ pour tout $x \in U_\lambda$, quand $n \to +\infty$. Mais de la convergence de (15) dans la famille $\{U_\lambda\}$ des voisinages de l'origine dans E associés aux voisinages $\{W_\lambda\}$ de l'origine dans F, on ne pourra en général conclure à l'existence d'un voisinage de l'origine U dans E dans lequel (15) converge, cette convergence devant être réalisée *par rapport à toutes les semi-normes* q_λ. Des énoncés précédents découlent toutefois des conséquences pour la convergence "en semi-norme q_λ".

Théorème 6. - Soit q *une semi-norme continue sur* F, ($F \in$ E.L.C. *séquentiellement complet). Soit* $E \in$ E.L.C. *et une suite* $\{P_m\}$ *d'applications polynomiales homogènes* $E \to F$, *continues qui est simplement bornée sur* A *ou, plus généralement, vérifie la condition (3) en chaque point de* A. *Si le couple* $(E, \hat{A})$, *où* $\hat{A}$ *est le cône de sommet l'origine, de base* A, *vérifie l'une des conditions suivantes*

a) $\hat{A} = E$

b) E *est espace de Baire et* $\hat{A}$ *est non maigre*,

c) E *est espace de Baire, localement borné et* $\hat{A}$ *n'est pas maigre et contenu dans les* $-\infty$ *d'une fonction plurisousharmonique sur* E, *alors à la semi-norme* q_λ *donnée sur* F *correspond un voisinage* U_λ *de* l'origine dans E, tel que la série

(19) $$g(x) = \sum P_m(x)$$

converge sur U_λ en semi-norme q_λ.

Démonstration. Il suffit de faire la démonstration en supposant que $P_m(x)$ vérifie la condition (13) en tout point $x \in \hat{A}$. Alors les trois cas envisagés correspondent aux hypothèses a), b), c) du théorème 5 et entraînent, toutes, l'existence d'un voisinage disqué de l'origine U_λ dans E, de jauge $p_\lambda(x)$ tel qu'on ait (14). Pour $x \in \tau U_\lambda$, $\tau < 1$, on a donc

$$q \circ P_m(x) \leq \tau^m$$

ce qui montre qu'il y a convergence "normale" en semi-norme q_λ dans U_λ : il existe une série convergente à termes positifs qui majore $\sum q \circ P_m(x)$ pour tout $x \in \tau U_\lambda$, $0 < \tau < 1$.

Dans la suite, nous supposerons que F est un espace de Banach de norme q (ou au moins un espace séquentiellement complet, dont la to-topologie est définie par une seule semi-norme). Alors on a

Corollaire. Si F est un espace de Banach de norme q(y), les hypothèses du théorème 6 concernant E et la suite P_m entraînent la convergence de la série (15) dans un voisinage $h \in V$ de l'origine et l'analyticité de f.

8. - Applications entières, notions de croissance. Soit $y = f(x)$ une application $E \to F$: elle sera dite entière si elle est analytique en tout point x_0 de E ; on note H(E, F) l'espace vectoriel sur $\mathbb{C}$ de telles applications.

Si E et F sont de dimension finie il est naturel de caractériser la croissance de $f \in H(E, F)$ par celle de l'indicatrice

$$M_{p,q}(r) = \sup.\log q \circ f(x) \quad \text{pour} \quad p(x) \leq r \ , \quad r > 0$$

où p, q sont deux normes sur E et F respectivement. On a

<u>Proposition 8. - Les notions d'ordre de croissance, de type de l'ordre (type nul, fini, infini) et même de classe (de convergence ou de divergence de l'ordre) ne dépendent pas du choix des normes</u> p, q. <u>Mais la partie principale de l'ordre (fini) en dépend.</u>

<u>Démonstration.</u> Soient p', q' deux autres normes il existe des constantes a, b, c, d strictement positives telles qu'on ait

$$aq(x) < q'(x) < b(x) \quad ; \quad cp(x) < p'(x) < dp(x)$$

de sorte que l'ordre

$$\rho = \limsup_{r = \infty} \frac{\log M(r)}{\log r}$$

est le même pour $M_{p,q}$ et $M_{p',q'}$. Supposons ρ fini : la partie principale soit

$$c_{p,q} = \limsup_{p,q} \ r^{-\rho} M_{p,q}(r)$$

est modifiée par le passage de (p, q) à (p', q') mais on a

$$b^{-\rho} c_{p,q} \leqslant c_{p', q'} \leqslant a^{-\rho} c_{p,q}$$

ce qui établit l'invariance du type (nul, moyen, infini). Enfin dans le cas du type nul de l'ordre ρ, on voit aisément qu'il existe $\varepsilon_r > 0$, $\varepsilon_r \to 0$ quand $r \to +\infty$, tel qu'on ait

$$(1 - \varepsilon_r) b^{-\rho} M_{p,q}(r) \leqslant M_{p',q'}(r) \leqslant (1 + \varepsilon_r) a^{-\rho} M_{p,q}(r)$$

et la divergence où la convergence de l'intégrale $\int_1^\infty r^{-\rho-1} M_{p,q}(r)dr$ ne dépend pas du couple (p, q) choisi.

9. - <u>Applications entières</u> $E \to F$. <u>On a d'abord un "théorème</u> de Liouville" en dimension infinie.

<u>Proposition 9.</u> - <u>Soient</u> E, F $\in$ (E.V.T. <u>sur</u> $\mathbb{C}$), <u>et de plus</u> F $\in$ E.L.C. <u>séparé</u>; <u>soit</u> q <u>une norme continue sur</u> F, <u>et</u> f $\in$ H(E, F)<u>. Si pour tout</u> y <u>d'un ensemble absorbant</u> A $\subset$ E, <u>de jauge</u> p_A <u>on a :</u>

$$\text{lim.sup.} \left[\log |u|\right]^{-1} \log q \circ f(uy) = 0$$

quand $|u| \to +\infty$, alors f est une application constante. En particulier c'est le cas si $q \circ f(x)$ est borné sur E.

Démonstration. $\log q \circ f(uy) = s_y(u)$ est sousharmonique ou $-\infty$, et la condition posée entraîne que $s_y(u)$ soit une constante. On a donc $s_y(u) = s_y(0) = \log q \circ f(0)$, c'est-à-dire, puisque A est absorbant $q \circ f(y) = q \circ f(0)$ pour tout $y \in E$. Il en résulte $q\left[f(uy) - f(0)\right] \leq 2\, q \circ f(0)$. Alors la fonction sousharmonique $q\left[f(uy) - f(0)\right]$ est constante et sa valeur pour $u = 0$ étant $q(0) = 0$, on a $q\left[f(uy) - f(0)\right] = 0$. Mais q est une norme, d'où $f(uy) = f(0)$ quels que soient u et y, ce qui établit l'énoncé.

10. - Notions générales de croissance. Une méthode pour définir des notions globales de croissance (cf. notre Note [3, e]) est la suivante : soit $\psi(r)$, une fonction croissante, convexe de $\log r$, définie pour $r > 0$. On dira que l'application entière $f \in H(E, F)$ est du type de croissance ψ s'il existe un borné $B \subset F$ et un voisinage disqué de l'origine soit V dans E tels que l'on ait, pour tout $r > 0$

(20) $$f(rV) \subset \psi(r) B .$$

On remarquera que cette définition n'est pas modifiée si on remplace ψ par $\psi_k(r) = \psi(kr)$, $k > 0$; les ψ_k définissent le même type ψ. Mais on pourra préciser en disant que f est du type (ψ, V, B). Si f est du type (ψ, V, B), f est du type (ψ_k, kV, B) pour $k > 0$.

Exemple. $f \in H(E, F)$ sera dit de type exponentiel si f est du type $\psi = e^r$, c'est-à-dire si $e^{-r} f(rV)$ demeure dans un borné $B \subset F$ pour $r > 0$; si $V' = cV$, on a $e^{-cr} f(rV') \subset B$, pour tout $c > 0$.

Remarques. 1°/ Cette définition du type ψ fait intervenir les topologies de E et de F, par les voisinages de l'origine dans E, et les bornés de F.

2°/ Si q_λ est une famille fondamentale de semi-normes dans F, la condition (20) revient à l'existence de constantes c_λ et d'un voisinage de l'origine, soit V, dans E, <u>indépendant de</u> λ, tel qu'on ait

$$q_\lambda \circ f(x) \leqslant c_\lambda \;\psi\; \left[p_V(x)\right] .$$

Il est clair que si $f \in H(E, F)$ est du type ψ , sa restriction à un sous-espace de E l'est aussi. Par exemple si f est du type exponentiel, alors pour tout $y \in E$, la restriction

$$(21) \qquad \varphi_y(u) = f(uy)$$

est une application $\mathbb{C} \to F$ de type exponentiel. On dira que $f \in H(E,F)$ est <u>localement</u> du type ψ si les applications $\mathbb{C} \to F$ définies par (21) sont du type ψ . Peut-on passer de la propriété locale à la propriété globale ? On ne pourra le faire que sous certaines hypothèses restrictives. En effet les applications $f \in H(E, F)$ qui vérifient (20) appartiennent à la classe $H_B(E, F)$ des applications de $H(E, F)$ qui sont bornées sur les bornés, c'est-à-dire telles que pour tout borné $B_1 \subset E$, $f(B_1)$ soit un borné de F. En effet soit B_1 un borné de E ; il existe $r_o > 0$ tel que l'on ait $B_1 \subset r_o\, V$ et si f est du type ψ, on a alors :

$$f(B_1) \subset f(r_o\, V) \subset \psi(r_o)\; B = B_2 .$$

Le passage du local au global se présente donc de la manière suivante : quand on impose à l'application $f \in H(E, F)$ des conditions de croissance, les mêmes, pour toutes les restrictions

$$f_y(u) = f(uy)$$

où y appartient à un ensemble $A \subset E$, en résulte-t-il que $f \in H(E, F)$ appartient à $H_B(E, F)$ et est du type ψ si les $f_y(u)$ le sont pour $y \in A$. Sous cette forme, la question présente une analogie avec les énoncés du type de Banach-Steinhaus.

On donnera un résultat en supposant F de Banach. On va établir que pour certains ensembles $A \subset E$, si $f_y(u)$ est du type (ψ, V, B) où ψ est donnée et V, B varient avec y, et ceci pour tout $y \in A$, alors l'application $f \in H(E, F)$ est globalement du type ψ et donc appartient à $H_B(E, F)$. Le résultat découlera de l'énoncé plus général que nous avons indiqué dans la note [3, e] :

Théorème 10. - Soient $E, F \in$ (E.V.T. sur $\mathbb{C}$); on suppose F espace de Banach de norme q et E espace de Baire. Soit f une application $E \to F$ analytique à l'origine. Soit $h(t_1, \ldots, t_n, r)$ une fonction des t_k, et de r, définie pour $t_k \geq 0$, $r \geq 0$, avec les propriétés suivantes

a) $h(t_1, \ldots, t_n, r) \geq 0$

b) h est croissante des t_k, et de r, séparément

c) h est continue dans l'espace R^{n+1} des t_k, r, pour $t_k \geq 0$, $r \geq 0$.

On suppose que pour chaque y d'un ensemble $A \subset E$, il existe un système de valeurs $t_1, \ldots, t_n$ telles qu'on ait

(22) $q \circ f(uy) = q \circ f_y(u) \leq h(t_1, \ldots, t_n, |u|)$ pour tout $u \in \mathbb{C}$.

De plus on suppose que l'hypothèse suivante est vérifiée : E est espace de Baire et A n'est pas maigre

Alors il existe une constante $C > 0$, des valeurs $t_1^\circ, \ldots t_n^\circ$, et un voisinage disqué de l'origine, soit V, de jauge $p_V(x)$ tels que l'on ait

(23) $$q \circ f(x) \leq C\, h(t_1^\circ, \ldots, t_n^\circ, p_V(x))$$

pour tout $x \in E$.

Démonstration. La fonction

$H(u, t_k, y) = q \circ f(uy) - h(t_1, \ldots t_n, |u|)$

est continue de $u, t_1 \ldots t_n, y$ et l'ensemble des $y \in E$ tels qu'on ait $H(u, t_k, y) \leq 0$ pour $t_1 \ldots t_n$ fixés, quel que soit $u \in C$, est un ensemble fermé. Donnons à $t_1 \ldots t_n$ des valeurs entières positives $(p) = p_1, \ldots, p_n$. L'ensemble E_p des $y \in E$ tels qu'on ait

$\sup_u H(u, p, y) \leqslant 0$ est fermé. On a par l'hypothèse $A \subset \bigcup_{p_o} E_p$. Si donc E est espace de Baire, il existe $(p_o) = (p_1^\circ, \ldots, p_n^\circ)$ tel que $\mathring{E}_o = \mathring{E}_{p_o} \neq \emptyset$. Il existe alors un point $y_o \in E$ et un voisinage de l'origine disqué, fermé, soit V tels que l'on ait la majoration :

$$q \circ f(uy) \leqslant h(p_1^\circ, \ldots, p_n^\circ, |u|) \quad , \text{ pour tout } u \in C$$

et pour $y - y_o \in V$. Mais f étant analytique à l'origine a un développement

$$(24) \qquad f(uy) = \sum u^m P_m(y)$$

où $P_m(y)$ est une application polynomiale homogène continue $E \to F$, la convergence ayant lieu pour $uy \in W$; W voisinage disqué de l'origine. D'autre part, le développement (24) étant unique, on a, pour $y \in E_o$, en utilisant l'intégrale de Cauchy et posant $h_o(|u|) = h(p^\circ, |u|)$:

$$P_m(y) = \frac{1}{2\pi} \int f(y\, r\, e^{i\theta}) e^{-mi\theta}\, r^{-m}\, d\theta \quad , r > 0$$

$$q \circ P_m(y) \leqslant r^{-m}\, h_o(r) \qquad \text{pour } y \in E_o \quad \text{et tout } r > 0$$

Prenons $u \in C$, $|u| \leqslant kr$, $0 < k < 1$:

$$q \circ P_m(uy) \leqslant k^m\, h_o(k^{-1} |u|) \, , \quad \text{pour } y \in E_o \, .$$

Cette majoration est valable pour $y \in y_o + V$; mais $q \circ P_m$ est plurisousharmonique homogène. D'après le "lemme de transport", on a

$$q \circ P_m(uy) \leqslant k^m\, h_o(k^{-1} |u|) \text{ pour } y \in V.$$

Soit $x \in E$; on a $x = y\, p_V(x)$, où $y \in V$. D'où :

$$q \circ P_m(x) \leqslant k^m\, h_o\left[k^{-1}\, p_V(x)\right].$$

Choisissons le nombre k, $0 < k < 1$, indépendant de m, et posons $U = kV$; on a $k^{-1}\, p_V(x) = p_U(x)$

$$q \circ f(x) \leqslant h_o\left[p_U(x)\right] \sum k^m = (1-k)^{-1}\, h_o\left[p_U(x)\right]$$

$$q \circ f(x) \leqslant (1-k)^{-1}\, h\left[p_1^\circ, \ldots, p_n^\circ, p_U(x)\right]$$

ce qui est (22), et établit l'énoncé. Il entraîne pour $h = t_1\, e^{t_2 |u|}$ l'énoncé suivant :

Théorème 11. - Soit $E, F \in$ (E.V.T. sur $\mathbb{C}$), F espace de Banach, et $f : E \to F$ une application possédant les propriétés suivantes :

a) elle est définie et analytique dans un voisinage U de l'origine

b) il existe un ensemble $A \subset E$ tel que pour tout $y \in A$, l'application $f_y(u) = f(uy)$, $uy \in U$,
définie au voisinage de $u = 0$ se prolonge en une application $\mathbb{C} \to F$ entière, qui est, pour chaque $y \in A$, de type exponentiel (le type lui-même pouvant varier avec $y \in A$). Alors f se prolonge en une application entière $E \to F$, soit $f \in H_B(E, F)$ qui est de type exponentiel, c'est-à-dire qui vérifie

$$q \circ f(x) \leqslant M e^{p_V(x)}$$

où $p_V(x)$ est la jauge d'un voisinage V de l'origine dans E, dès qu'une des conditions suivantes est réalisée, où $\hat{A}$ désigne le cône sur $\mathbb{C}$ de base A, de sommet l'origine :

a) E est C-tonnelé et $\hat{A} = E$;

b) E est espace de Baire et $\hat{A}$ est non maigre ;

c) E est espace de Baire localement borné et $\hat{A}$ n'est pas simultanément maigre et contenu dans les $-\infty$ d'une fonction plurisousharmonique dans E .

Démonstration. Soit pour y fixé, $f_y(u)$ de type exponentiel $\tau(y)$ défini par

$$\tau(y) = \limsup |u|^{-1} \log q \circ f(uy), \quad |u| \to +\infty .$$

On a, par un calcul classique :

$$\tau(y) = \limsup_m \left[m!\, q \circ P_m(y)\right]^{1/m} = \limsup_m U_m(y) .$$

Le crochet $U_m(y)$ est une quasi-norme continue. Si $\tau(y)$ est fini sur A, il l'est aussi sur $\hat{A}$, d'après $\tau(\lambda y) = |\lambda|\, \tau(y)$ pour tout $\lambda \in \mathbb{C}$. Alors dans l'hypothèse a), $\tau(y)$ est fini pour tout $y \in E$, ce qui entraîne que $g(y) = \sup_m U_m(y)$ le soit aussi. Il en résulte l'existence d'une majorante plurisousharmonique qui est une quasi-norme $p_V(x)$, jauge d'un voisinage disqué de l'origine dans E.

On a alors pour $m \geqslant 1$:

(25) $$q \circ P_m(y) \leqslant \frac{1}{m!} \; p_V(y)\Big]^m$$

d'où

(26) $$q \circ f(x) \leqslant e^{p_V(x)} + q \circ f(0) \leqslant M \exp . p_V(x)$$

ou encore $e^{-r} f(rV) \subset B$, où B est une boule de F . On a ainsi obtenu la propriété globale et établi a).

Pour montrer b), on applique la proposition 6 à la famille $U_m(y)$ de quasi-normes continues : $g(y) = \sup U_m(y) < +\infty$ pour $y \in A$ entraîne l'existence du voisinage V de l'origine, d'où (25) et (26) .

Dans le cas c), on utilise de même le théorème 4, ce qui achève la démonstration.

La méthode utilisée dans le cas de la croissance exponentielle s'étend à la situation plus générale indiquée par le théorème 10, au prix d'hypothèses plus précises sur $h(t_1, \dots, t_n, |u|)$. On fera pour terminer trois remarques :

1°) Du théorème 10 découle que si une application $f \in H(E, F)$ n'est pas du type borné $H_B(E, F)$, et si E est espace de Baire, pour toute droite complexe L^1 : $x = uy_o$, $y_o \in E$, $y_o \neq 0$, $u \in \mathbb{C}$, et tout cône de sommet l'origine image d'un ouvert du projectif P(E), contenant L^1 et déterminé par $x = uy$, $u \in C$, $y - y_o \in V$, où V est un voisinage de l'origine dans E, il n'est pas possible d'imposer une majoration (22) dépendant d'un nombre fini de paramètre, même en se réservant la possibilité de les déterminer pour chaque $y \in y_o + V$.

2°) La classe des espaces C-tonnelés, plus généraux que les espaces de Baire, est celle qui permet aisément le passage du local au global : f analytique à l'origine et localement (c'est-à-dire au sens

(21)) de type exponentiel fini est globalement de type exponentiel.

3°) D'une manière générale la méthode suivie ici rapproche l'étude des applications entières des généralisations du théorème de Banach-Steinhaus que nous avions données dans [3, f].

BIBLIOGRAPHIE

[1] BOCHNAK (J.) et SICIAK (J). - a/ Analytic functions in topological vector spaces. Studia Math. 39 (1), 1971.

b/ Polynomials and multilinear mappings in topological vector spaces. Studia Math. Ibidem.

[2] COEURÉ (G.). - Fonctions plurisousharmoniques sur les espaces vectoriels topologiques et applications à l'étude des fonctions analytiques. Ann. Institut Fourier, 1970.

[3] LELONG (P.). - a/ Fonctions entières de type exponentiel dans C^n. Ann. Inst. Fourier, t. 16, 2, p. 271 - 318, 1966.

b/ Fonctions plurisousharmoniques dans les espaces vectoriels topologiques . Lecture-Notes Springer, n° 71, exposé 17, 1968.

c/ Fonctions plurisousharmoniques et ensembles polaires ... Lecture-Notes Springer, n° 116, exposé 1, 1969.

d/ Recents results on analytic mappings and plurisubharmonic functions in topological linear spaces. Internat. Conf. on several complex variables, University of Maryland, Avril 1970, t.2, Lecture-Notes Springer , n° 185.

e/ Fonctions et applications de type exponentiel dans les espaces vectoriels topologiques. C.R.Ac.Sci.Paris, t.269, p.420-422,1969.

f/ Sur les fonctions plurisousharmoniques dans les espaces vectoriels topologiques et une extension du théorème de Banach-Steinhaus aux familles d'applications polynomiales, C.R.du Colloque de Liège sur l'Analyse fonctionnelle, 1970

[4] NACHBIN (L.). - Uniformité d'holomorphie et type exponentiel : ce séminaire, exposé n° 10.

[5] NOVERRAZ (P.). - Fonctions plurisousharmoniques et analytiques dans les espaces vectoriels complexes. Ann. Inst. Fourier, t. 19,fasc.2, p..419-493, 1969.

Séminaire P. LELONG
(Analyse)
10e année, 1969-70 4 mars 1970

ESPACES ANALYTIQUEMENT UNIFORMES

par M.A. DOSTAL

Dans cet exposé nous présentons quelques remarques dûes à M. Carlos Berenstein et à l'auteur de cette note. Pour les démonstrations et la discussion complète cf. [1].

En 1960 M. Léon Ehrenpreis [5] a introduit une classe importante d'espaces fonctionnels, appelés par lui espaces analytiquement uniformes (espaces a.u.) :

DÉFINITION 1

Un EVT W [1] est dit un espace a.u. lorsque :

(i) W est le dual fort d'un espace l.c. U , i.e. $W = U'_b$;

(ii) il existe un plongement analytique continu ω de C^n sur un sous-espace dense dans W . En particulier, à chaque $S \in U$, on peut associer la fonction entière $\hat{S}(z) = < S , \omega(z) >$ et la correspondance $S \leftrightarrow \hat{S}$ est biunivoque ;

---

(1) Tous les EVT dans cette note sont supposés localement convexes et séparés (abréviation : l.c.) .

(iii) il existe une famille $K = \{k\}$ de fonctions k positives et continues dans $\mathbb{C}^n$ avec les propriétés suivantes :

a) pour tous $S \in U$, $k \in K$ on a $\hat{S}(z) = \mathcal{O}(k(z))$;

b) la topologie de l'espace U est définie par les normes

$$S \mapsto p_k(S) = \sup_{z \in \mathbb{C}^n} \frac{|\hat{S}(z)|}{k(z)} \qquad (k \in K)$$

Remarques.

1) On appellera U la base de l'espace W, et K la structure a.u. de W. Il est évident qu'un espace a.u. W peut avoir différentes structures a.u. $K, K', \ldots,$ tous donnant la même topologie dans la base de W. En effet il est parfois important dans un problème concret de trouver parmi les structures a.u. d'espace en question une famille K d'une forme particulière, exprimant bien la propriété que l'on veut démontrer ; cf. Corollaire A ci-dessous.

2) Dans tous les exemples concrets U et W sont des espaces de fonctions ou de distributions et ω est l'application exponentielle $\omega : z \mapsto \exp(i < x , z >)$. Ainsi la fonction $\hat{S}(z)$ n'est que la transformée de Fourier de S. Presque tous les espaces fonctionnels U ayant pour transformées de Fourier de ses éléments des fonctions entières (pas forcément de type exponentiel) entrent dans le schéma de la Définition 1 comme les bases d'espaces a.u. (cf. [7], Chap. V).

Le but de cette définition est évident : Définition 1 ramène l'étude des propriétés de ces espaces et des opérateurs différentiels définis sur eux à l'étude des fonctions entières $\hat{S}$ et leurs majorantes k . Poursuivant cette idée avec conséquence, et en se plaçant dans le cadre d'espaces a.u., M. Ehrenpreis dans son ouvrage récent [7] a réussi à résoudre de nombreux problèmes importants d'analyse concernant les systèmes d'équations linéaires aux dérivées partielles à coefficients constants (cf. son "principe fondamental"), la quasi-analycité, les séries lacunaires, et bien d'autres. Il est évident que pour une étude approfondie il fallait ajouter aux hypothèses (i), (ii), (iii) ci-dessus quelques conditions supplémentaires [(2)] :

(iv) Toute fonction entière F dans $\mathbb{C}^n$, telle que $F(z) = \mathcal{O}(k(z))$ pour tous $k \in K$, est de forme $F = \hat{S}$ avec un $S \in U$.

(v) Soit $N > 0$. Posons pour tout $k \in K$,

$k_N(z) = \sup_{|z' - z| \leq N} \{ k(z')(1 + |z'|)^N \}$, $K_N = \{k_N\}_{k \in K}$. Alors, pour tout $N > 0$, la famille K_N est une structure a.u. de l'espace W .

(vi) Outre la structure a.u. K il existe également une famille $M = \{m\}$ (structure b.a.u.) de fonctions positives et continues dans $\mathbb{C}^n$ avec les propriétés suivantes :

---

(2) Nous n'en citons que celles qui ne limitent pas essentiellement la classe d'espaces a.u.

a) $m(z) = \mathcal{O}(k(z))$ ($\forall\, m \in M$; $\forall\, k \in K$) ;

b) ensembles définis par

$$A(m) = \{S \in U : \sup_{z \in \mathbb{C}^n} \frac{|\hat{S}(z)|}{m(z)} < \text{const.}\}$$

forment un système fondamental d'ensembles bornés dans U ;

c) pour tout $N > 0$ la famille $M_N : \{m_N\}_{m \in M}$ (cf. (v)) est encore une structure b.a.u. de l'espace W (*) .

Il est maintenant naturel de se poser la question des propriétés générales des EVT satisfaisant aux conditions (i) - (vi) . La réponse, au moins partielle, est donnée par la

PROPOSITION

Soient U, W, K, M comme plus haut et satisfaisant aux hypothèses (i) - (vi) . Alors

(A) U *est un espace complet et nucléaire* ;

(B) W *est un espace séparable et nucléaire.*

Lorsque U *est en plus infra-tonnelé,*

(C) U *et* W *sont des espaces complets nucléaires reflexifs et tels que tout ensemble borné est contenu dans l'adhérence d'un ensemble dénombrable borné.*

(*) La propriété c) étant une conséquence de la condition (v), elle peut être supprimée dans tous les cas où on suppose (v).

DÉMONSTRATION

Nous allons démontrer la nucléarité de l'espace W . La nucléarité de la base U se démontre de manière analogue (cf. [1]) et le reste des énoncés est facile.

La démonstration est basée sur deux observations :

(I) ([1] , Lemme 3) : Soit $H(z)$ une fonction entière dans $\mathbb{C}^n$ et $\ell(z)$ une fonction positive continue dans $\mathbb{C}^n$ et telle que $H(z) = \Theta(\ell(z))$. Posons : $D = \{z \in \mathbb{C}^n : \max_j |z_j| \le 1\}$; $\widetilde{\ell}(z) = \sup_{z'-z \in D} \{\ell(z')(1 + |z'|)^{2n+1}\}$; et $d\rho(z) = \pi^{-n}(1 + |z|)^{-2n-1} |dz|$ où on a désigné par $|dz|$ la mesure de Lebesgue dans $\mathbb{C}^n = \mathbb{R}^{2n}$. Avec ces notations nous avons

$$\sup_{z \in \mathbb{C}^n} \frac{|H(z)|}{\widetilde{\ell}(z)} \le \int_{\mathbb{C}^n} \frac{|H(z)|}{\ell(z)} \, d\rho(z) \quad .$$

(II) (A. Pietsch, [10], Proposition 4.1.6) : Le dual fort E'_b d'un EVT E est nucléaire si et seulement si E possède un système fondamental d'ensembles bornés, fermés et absolument convexes $N(E)$, avec la propriété suivante : pour tout $A \in N(E)$ il existe un $B \in N(E)$ est une mesure de Radon μ positive et définie sur la boule unité S_A de l'espace $E'(A)$ tels que

(i) $\lambda A \subset B$ pour un λ positif ;

(ii) l'application canonique $E(A) \to E(B)$ est absolument sommable par rapport à μ .

Le critère (II) est facile à interpréter d'une manière plus explicite : on désigne par $E(A)$ le sous-espace de E engendré par A et ayant pour la boule unité $A = \{x \in E(A) : p_A(x) \leq 1\}$. On considère dans son dual $E'(A)$ la boule unité S_A munie de la topologie $\sigma(E'(A), E(A))$. Donc S_A est un espace compact. Tout $x \in E(A)$ définit une fonction $\tilde{x}$ continue sur S_A ; soit $|\tilde{x}|$ la fonction valeur absolue de $\tilde{x}$. On a également $|\tilde{x}| \in C(S_A)$. La condition (ii) signifie que pour tout $x \in E(A)$ on a

$$p_B(x) \leq \int_{S_A} |<\tilde{x}, a>| d\mu(a) = <|\tilde{x}|, \mu>_{C(S_A)} .$$

Dans notre cas $E = U$, et $N(E)$ est définie ainsi : soit M la famille de la condition (vi) et posons $t(M) = M_{2n+1} = \{m_{2n+1}\}_{m \in M}$, $t^2(M) = t(t(M))$, etc. . Soit $\tilde{M} = \bigcup_{n \geq 1} t^n(M)$ et $N(E)$ la famille de tous les ensembles de la forme $A(m) = \{S \in U : \sup_{z \in \mathbb{C}^n} \frac{|\hat{S}(z)|}{m(z)} < \text{const.}\}$ pour un $m \in \tilde{M}$ et une constante fixés.

Fixons maintenant un tel $A = A(m)$, $m \in \tilde{M}$. Pour tout $z \in \mathbb{C}^n$ soit $\gamma(z)$ la fonctionnelle définie sur les $S \in E(A)$ par $<S, \gamma(z)> = \hat{S}(z)/m(z)$. Nous obtenons ainsi l'application continue $\gamma : \mathbb{C}^n \to S_A$. Pour tout $s \in S_A$, définissons la fonctionnelle $\delta(s) \in C'(S_A)$ par $<f, \delta(s)>_{C(S_A)} = f(s)$ pour tout $f \in C(S_A)$. Considérons l'application continue $\delta \circ \gamma : \mathbb{C}^n \to C'(S_A)$. En intégrant cette application par rapport à la mesure $d\rho(z)$ (cf. (I)) nous obtenons une mesure $\mu \in C'(S_A)$ telle que pour les éléments de $C(S_A)$ de forme $|f|$, $f \in C(S_A)$, on ait

$$<|f|, \mu>_{C(S_A)} = \int_{\mathbb{C}^n} |<f, \delta(\gamma(z))>_{C(S_A)}| \, d\rho(z) .$$

En particulier pour tout $S \in E(A)$ nous avons $< \widetilde{S} , \delta(\gamma(z)) >_{C(S_A)} =$ $< S , \gamma(z) >_{E(A)} = \dfrac{\hat{S}(z)}{m(z)}$, donc $< |\widetilde{S}| , \mu >_{C(S_A)} = \int_{C^n} \dfrac{|\hat{S}(z)|}{m(z)} d\rho(z)$.

Soit maintenant $B = A(m_{2n+1})$. D'après la définition du système $N(E)$, $B \in N(E)$, et la nucléarité de W découle immédiatement des énoncés (I) et (II) .

COROLLAIRE 1

Pour tout $T \in W$ ils existent des fonctions $k \in K$, $F \in L^2(C^n)$ telles que T possède la représentation intégrale

$$T = \int_{C^n} \omega(z)\, F(z) \frac{dz}{k(z)(1 + |z|)^{n+1/2}} .$$

Remarque 3

Ce corollaire n'est qu'une version plus précise d'un théorème de M. Ehrenpreis [6] sur la représentation de Fourier des fonctions ou distributions à croissance exponentielle. Les fonctions k et F ne sont pas uniquement déterminées par l'élément T . L'intégrale en question doit être considérée au sens fonctionnel mais dans certains cas spéciaux elle existe même au sens de Lebesgue-Stieltjes.

COROLLAIRE 2

Dans la Définition 1 le système des normes p_k dans U peut être remplacé par chacun des deux systèmes de normes suivants :

$$S \mapsto \int_{\mathbb{C}^n} \frac{|\hat{S}(z)|}{k(z)}\, d\rho(z) \quad ; \quad S \mapsto \left(\int_{\mathbb{C}^n} \frac{|\hat{S}(z)|^2}{k^2(z)}\, d\rho(z)\right)^{\frac{1}{2}}$$

Exemple

Donnons l'exemple d'une classe importante d'espaces a.u. qui d'ailleurs n'a pas été étudiée dans [7], à savoir les espaces de distributions de Beurling [2] :

Soit ω une fonction réelle et définie dans $\mathbb{R}^n$ telle que

(α) $$0 = \omega(0) = \lim_{x \to 0} \omega(x) \le \omega(x+y) \le \omega(x) + \omega(y)$$

pour tous $x, y \in \mathbb{R}^n$;

(β) $$\int_{\mathbb{R}^n} \frac{\omega(x)dx}{(1+|x|)^{n+1}} < \infty \quad ;$$

(γ) $$\omega(x) \ge a \log(1+|x|) + b$$

pour certains $a > 0$, $b \in \mathbb{R}$.

Soit $\{K_s\}_{s \ge 1}$ une suite de boules $K_s = \{|x| \le R_s\}$ de rayons $R_s < R_{s+1} \to +\infty$.

DÉFINITION 2

L'espace $\mathcal{D}_\omega(K_s)$ est un espace de Fréchet défini par

$$\mathcal{D}_\omega(K_s) = \{\varphi \in L^1(\mathbb{R}^n) : \operatorname{supp} \varphi \subset K_s \,,\ \|\varphi\|_\lambda^{(\omega)} = \int_{\mathbb{R}^n} |\hat{\varphi}(x)| e^{\lambda\omega(x)} dx < \infty \quad (\forall \lambda > 0)\}$$

et muni des semi-normes $\|\ .\ \|_m^{(\omega)}$, $m = 0, 1, \ldots$.

Ensuite nous posons $\mathcal{D}_\omega = \lim_{s \to \infty} \text{ind}\ \mathcal{D}_\omega(K_s)$. L'espace dual $\mathcal{D}'_\omega$ est dit l'espace des distributions de Beurling correspondant au paramètre ω .

Pour le choix $\omega(x) = \log(1 + |x|)$, on obtient l'espace de Schwartz $\mathcal{D}(R^n)$, donc les distributions de Beurling dans ce cas particulier sont précisément les distributions de Schwartz : $\mathcal{D}'(R^n)$. En général il s'ensuit de (γ) que pour un ω quelconque nous avons l'injection continue de $\mathcal{D}_\omega$ sur un sous-espace dense de $\mathcal{D}(R^n)$. (Pour la théorie des espaces de Beurling et leurs applications cf. [2]) . Dans l'étude de ces espaces il y a deux difficultés qui se présentent :

- (Q1) nous n'avons aucune caractérisation directe d'éléments de l'espace $\mathcal{D}_\omega$ (c'est-à-dire, on voudrait décrire, par exemple, éléments de $\mathcal{D}_\omega$ en termes de conditions différentielles posées directement sur les fonctions φ sans recourir à la transformée de Fourier ; une telle caractérisation est évidente dans le cas particulier de $\mathcal{D}_\omega = \mathcal{D}(R^n)$ ainsi que dans quelques autres cas particuliers).

- (Q2) La topologie $\mathcal{T}$ de l'espace $\mathcal{D}_\omega$ est définie comme la limite inductive des topologies des espaces $\mathcal{D}_\omega(K_s)$. Une description intrinsèque de cette topologie, par exemple, à l'aide d'une famille K , (cf. (iii)) serait souhaitable. (Remarquons qu'une telle description signifie en particulier qu'on peut écrire $\mathcal{D}_\omega = \lim \text{proj}_{k \in K} \ldots$ tandis que d'après la Définition 2 , $\mathcal{D}_\omega = \lim_{s \to \infty} \text{ind} \ldots$) . Dans ce qui suit nous nous proposons de donner la solution à la seconde question laissant la première ouverte.

Fixons le paramètre ω . En prenant, si nécessaire, une régularisation convenable de la fonction ω nous pouvons supposer que celle-ci détermine le même espace $\mathcal{D}_\omega$ en satisfaisant encore aux conditions supplémentaires : $\omega \in C^\infty$ et pour tous $x, y \in R^n$ on a $1 \le \omega(x+y) \le \omega(x) + \omega(y)$. (Le fait que la nouvelle fonction ω est partout ≥ 1 ne change rien de la définition de $\mathcal{D}_\omega$, cf. [1] , mais il est important dans la définition de la topologie $\mathcal{T}_\omega$ qu'on trouvera ci-dessous). Outre la topologie $\mathcal{T}$ nous allons considérer sur $\mathcal{D}_\omega$ encore trois autres topologies $\mathcal{T}_\omega$, $\mathcal{T}_k$ et $\mathcal{T}_{k,\Sigma}$:

<u>Topologie</u> $\mathcal{T}_\omega$: On se donne des constantes positives C et λ , et deux suites de nombres positifs $r_k \nearrow \infty$, $a_k \nearrow \infty$ $(k = 0, 1, \dots ; a_o = 0)$. Pour

$$\Lambda_k = \{\zeta \in C^n : a_k\, \omega(\xi) \le |\eta| \le a_{k+1}\, \omega(\xi)\} ; \; (\zeta = \xi + i\eta)$$

on définit

$$\mathcal{U}(C, \lambda, r_k, a_k) = \{\varphi \in \mathcal{D}_\omega : \sup_{\zeta \in \Lambda_k} (|\hat{\varphi}(\zeta)| \exp(\lambda\omega(\xi) - r_k|\eta|)) \le C ; \quad \forall\, k \ge 0\} .$$

Il est facile de voir que tous les $\mathcal{U}(C, \lambda, r_k, a_k)$ ainsi définis forment un système fondamental de voisinages de 0 dans $\mathcal{D}_\omega$ pour une topologie localement convexe que nous allons noter par $\mathcal{T}_\omega$.

<u>Topologie</u> $\mathcal{T}_k$: déterminée d'une manière analogue par le système des ensembles $\mathcal{V}(k)$ définis ainsi : soit $H_s \nearrow \infty$ une suite de nombres positifs

tels que $\lim_{s\to\infty} H_s / s = 0$. Soit μ une constante positive. Choisissons la suite ε_s de nombres positifs tendant vers zéro assez rapidement pour que la série

$$(1) \qquad k(\zeta) = \sum_{s=1}^{\infty} \varepsilon_s \exp[-(s+\mu)\,\omega(\xi) + H_s|\eta|]$$

soit convergente pour tout $\zeta \in \mathbb{C}^n$. La fonction $k(\zeta)$ est évidemment continue et positive dans tout $\mathbb{C}^n$. Nous posons

$$\mathcal{V}(k) = \{\varphi \in \mathcal{D}_\omega : |\hat{\varphi}(\zeta)| \le k(\zeta),\ \forall\, \zeta \in \mathbb{C}^n\} \quad .$$

Topologie $\mathcal{C}_{k,\Sigma}$: On obtient cette topologie en prenant au lieu des ensembles $\mathcal{V}(k)$ les ensembles

$\mathcal{W}_\Sigma(k) = \{\varphi \in \mathcal{D}_\omega$: il existe un entier positif N_φ tel que $\varphi = \sum_{s=1}^{N_\varphi} \varphi_s$ où $\varphi_s \in \mathcal{D}_\omega$ et $|\hat{\varphi}_s(\zeta)| \le \varepsilon_s \exp[-(s+\mu)\,\omega(\xi) + H_s|\eta|]$ pour tous $s = 1, \ldots, N_\varphi$ et $\zeta \in \mathbb{C}^n\}$.

THÉORÈME

$\mathcal{C} = \mathcal{C}_\omega = \mathcal{C}_k = \mathcal{C}_{k,\Sigma}$. <u>En particulier l'espace $\mathcal{D}'_\omega$ est un espace a.u. ayant pour base $\mathcal{D}_\omega$ et pour structure a.u. la famille de toutes les fonctions k de la forme (1).</u>

La démonstration de cet énoncé est assez longue. Remarquons seulement qu'elle est en partie basée sur une idée proche de celle de M. Bernard Malgrange [9].

A titre d'applications de ce théorème citons deux corollaires immédiats. Le premier généralise un théorème de M. Ehrenpreis sur la division dans l'espace $\mathcal{D}'(R^n)$ ([6] ; voir aussi [9], [2]). Rappelons d'abord un lemme élémentaire dû également à M. Malgrange [9] : pour tout f, fonction entière dans C^n, et P un polynôme quelconque, il existe une constante $A > 0$ dépendant seulement de polynôme P et telle que pour tous $z \in C^n$ on ait

$$|f(z)| \leq A \cdot \max_{|z' - z| \leq 1} |P(z + z') f(z + z')| \quad . \tag{2}$$

COROLLAIRE A

L'équation $P(D)u = f$, où $P(D)$ est un opérateur différentiel à coefficients constants, a une solution u dans $\mathcal{D}'_\omega$ pour tout $f \in \mathcal{D}'_\omega$.

DÉMONSTRATION

Soit $P^*(D)$ le polynôme adjoint. Pour démontrer la surjectivité de l'application $P(D) : \mathcal{D}'_\omega \to \mathcal{D}'_\omega$ il suffit de démontrer que l'opérateur adjoint $P^*(D) : \mathcal{D}_\omega \to P^*(D)\mathcal{D}_\omega$ est ouvert. Soit $\mathcal{V}(k)$ un voisinage de l'origine dans $\mathcal{D}_\omega$ donné par (1). Définissons la fonction $\widetilde{k}(\zeta)$ en prenant $\widetilde{\mu} = \mu$, $\widetilde{H}_s = H_s$, $\widetilde{\varepsilon}_s = \varepsilon_s \exp[\, H_s - (\mu + s)\max_{|\xi| \leq 1} \omega(\xi)]$. D'après ($\alpha$) et (2), pour tout $\varphi \in \mathcal{D}_\omega$ tel que $P^*(D)\varphi \in \mathcal{V}(\widetilde{k})$, $|\hat{\varphi}(\zeta)| \leq \max_{|\zeta| \leq 1} \widetilde{k}(\zeta + \zeta') \leq k(\zeta)$; donc $\varphi \in \mathcal{V}(k)$, i.e., $\mathcal{V}(\widetilde{k}) \cap P^*(D)\mathcal{D}_\omega \subset P^*(D)\mathcal{V}(k)$, c.q.f.d.

Remarque 4

Il s'ensuit de cette démonstration que la topologie $\mathcal{C}_k$ convient particulièrement pour exprimer le fait que la différentiation est une application relativement ouverte dans $\mathcal{D}_\omega$; cf. Remarque 1. (En effet, cette démonstration est même un peu plus simple que celle de la continuité de la différentiation et ceci est d'ailleurs évident). Remarquons, enfin, que dans le cas spécial des distributions de Schwartz, i.e. $\mathcal{D}'_\omega = \mathcal{D}'$, on peut traiter de même manière le cas plus général de l'espace $\mathcal{D}'(\Omega)$ où Ω est un ouvert convexe quelconque dans R^n (cf. [4]). Ceci donne une démonstration, aussi simple que celle du Corollaire A, d'un résultat de Malgrange [9] : on a $P(D)\,\mathcal{D}'(\Omega) = \mathcal{D}'(\Omega)$ pour tout opérateur différentiel à coefficients constants $P(D)$ et pour tout Ω ouvert convexe dans R^n. Finalement on peut résoudre par la même méthode le problème de division pour d'autres opérateurs de convolution dont le support n'est pas réduit à un seul point. Ainsi, par exemple, peut-on démontrer facilement le résultat suivant dû à L. Hörmander: soit $S \neq 0$ une distribution telle que supp S est un ensemble fini. Soit Ω_2 un ouvert convexe quelconque et considérons le plus grand ouvert convexe Ω_1 tel que $\Omega_1 + \operatorname{supp} S \subset \Omega_2$. Alors $S * \mathcal{D}'(\Omega_1) = \mathcal{D}'(\Omega_2)$ (cf. [8], Corollaire 4.2).

COROLLAIRE B

Pour toute fonction $k(\zeta)$ de forme (1) il existe une fonction

$\widetilde{k}(\zeta)$ de même forme et telle que lorsque $\varphi \in \mathcal{D}_\omega$ et $|\hat{\varphi}(\zeta)| \leq \widetilde{k}(\zeta)$ pour tous $\zeta \in C^n$, on peut écrire $\hat{\varphi} = \sum_{s=1}^{N} \hat{\varphi}_s$, $N = N(\varphi)$, où $\varphi_s \in \mathcal{D}_\omega$ et $|\hat{\varphi}_s(\zeta)| \leq \varepsilon_s \exp[-(s+\mu)\,\omega(\xi) + H_s|\eta|]$ pour tous $s = 1, \ldots, N$ et $\zeta \in C^n$.

Remarque 5.

Ce corollaire dont la formulation signifie précisément l'inclusion $\mathcal{C}_{k,\Sigma} \subset \mathcal{C}_k$ rappelle un lemme de A. J. Macintyre (cf. [3], p. 80). Il serait intéressant de trouver plus précisément de quelle manière dépend la fonction $\widetilde{k}$ (i.e. les valeurs de $\widetilde{\varepsilon}_s$, $\widetilde{\mu}$, $\widetilde{H}_s$) de quantités ε_s, μ, H_s définissant k. Pour trouver cette version quantitative du corollaire B il faudrait avoir une démonstration directe de l'inclusion $\mathcal{C}_{k,\Sigma} \subset \mathcal{C}_k$. Nous n'y sommes pas parvenus.

Remarque 6

On pourrait également considérer les espaces $\mathcal{D}_\omega(\Omega)$ et $\mathcal{D}'_\omega(\Omega)$ où Ω est un ouvert quelconque dans R^n. Ces espaces sont définis d'une manière analogue comme ceux que nous avons traités plus haut, i.e. pour $\Omega = R^n$, cf. [2]. D'ailleurs on voit bien comment modifier les fonctions $k(\zeta)$, au moins quand Ω est un ouvert convexe. Cependant la démonstration de l'égalité $\mathcal{C} = \mathcal{C}_k$ dans ce cas plus général semble être assez compliquée. D'autre part on peut l'effectuer pour le cas particulier de l'espace $\mathcal{D}(\Omega)$, i.e. quand $\omega(x) = \log(1 + |x|)$ et Ω ouvert convexe, en s'appuyant sur la transformée de Fourier inverse ; ceci étant impossible pour un Ω arbitraire au moins tant que la question (Q2) reste ouverte [4].

RÉFÉRENCES

[1] C.A. BERENSTEIN, M.A. DOSTAL - Topological properties of analytically uniform spaces (à paraître dans Transactions of the American Math. Society).

[2] G. BJÖRCK - Linear partial differential operators and generalized distributions, Arkiv f. Mat., 6 (1966), pp. 351-407 .

[3] R.P. BOAS - "Entire Functions", Acad. Press, 1954.

[4] M.A. DOSTAL - Sur une caractérisation complexe de l'espace $\mathcal{D}(\Omega)$ (à paraître).

[5] L. EHRENPREIS - A fundamental principle for systems of differential equations with constant coefficients and some of its applications, Proc. Intern. Symp. on Lin. Spaces held in Jerusalem, 1960, pp. 161-174.

[6] L. EHRENPREIS - Solutions of some problems of division III, Am. J. Math., 78 (1956), pp. 685-715.

[7] L. EHRENPREIS - "Fourier transforms in several complex variables", Intersci. Pub., New-York, 1970.

[8] L. HÖRMANDER - On the range of convolution operators, Ann. Math., 76 (1962), pp. 148-170.

[9] B. MALGRANGE - Sur la propagation de la régularité des solutions des équations à coefficients constants, Bull. Math. de la Soc. Sci. Math. Phys. de la R. P. R. (Bucharest), 3 (1959), pp. 432-440.

[10] A. PIETSCH - "Nukleare Lokalkonvexe Räaume", Akademie-Verlag, Berlin, 1965.

Séminaire P. LELONG
(Analyse)
10e année, 1969/70

18 Mars 1970

FONCTIONNELLES ANALYTIQUES NON LINÉAIRES ET REPRÉSENTATION DE POLYA POUR UNE FONCTION ENTIÈRE DE n VARIABLES DE TYPE EXPONENTIEL

par André MARTINEAU
(Université de Nice)

1.- Introduction

Nous avons déjà parlé, l'an passé (11 Juin 1969) [9] à ce séminaire, des supports des fonctionnelles analytiques non linéaires. Nous supposons connue la terminologie adoptée là. Si V est une variété analytique complexe dénombrable à l'infini, nous noterons par $\mathcal{O}(V)$ l'espace de Fréchet des fonctions holomorphes sur V, et si K est un compact de V nous désignerons par $\mathcal{O}(K)$ l'espace $\varinjlim_{U \supset K} \mathcal{O}(U)$ U parcourant la famille des voisinages ouverts de K.

Signalons le progrès suivant dû à Björk (à paraître [2]) <u>Si</u> K <u>est un compact de</u> V <u>variété de Stein et</u> $\tilde{K}$ <u>son enveloppe dans</u> V, <u>l'espace</u> $\mathcal{O}(\tilde{K})$ <u>est un sous-espace fermé de</u> $\mathcal{O}(K)$. Il en résulte, [9] page 183, que la notion de porteur et celle de porteur faible sont équivalentes.

Rappelons que Φ, une application définie de $\mathcal{O}(V)$ dans $\mathbb{C}$ est dite fonctionnelle polynomiale homogène de degré k définie sur V s'il existe une forme k-linéaire Ψ séparément continue (en fait continue par le théorème de Baire [3]) sur $\underbrace{\mathcal{O}(V) \times \ldots \times \mathcal{O}(V)}_{k \text{ fois}}$ à valeurs dans $\mathbb{C}$ telle que

$$\Phi(f) = \Psi(f, \ldots, f)$$

Remplaçant Ψ par sa symétrisée Φ^s

(1) $$\Phi^s(f_1, \ldots, f_k) = \frac{1}{k!} \sum_{\sigma \in \mathfrak{S}_k} \Psi(f_{\sigma 1}, \ldots, f_{\sigma k})$$

σ parcourant l'ensemble $\mathfrak{S}_k$ des permutations de k lettres $(1, 2, \ldots, k)$, on écrira

$$\Phi(f) = \Phi^s . f^k = \Phi^s(f, \ldots, f)$$

La correspondance $\Phi \longmapsto \Phi^s$ est biunivoque.

Une application Φ définie de $\mathcal{O}(V)$ dans $\mathbb{C}$ est dite polynomiale si elle est somme finie de polynômes homogènes continus.

Rappelons que Φ considérée comme donnée au voisinage de f_o est portable par K compact de V si pour tout voisinage ouvert U de K, il existe $M_U > 0$ tel que

$$\sup_{z \in U} |f(z) - f_o(z)| < M_U \quad \text{entraîne} \quad |\Phi(f) - \Phi(f_o)| < 1 .$$

La différentielle de Φ en f_o est définie par

$$d\,\Phi_{f_o}(h) = \lim_{\lambda \to 0} \frac{1}{\lambda} (\Phi(f_o + \lambda h) - \Phi(f_o))$$

La fonction $\lambda \longmapsto \Phi(f_o + \lambda h)$ étant holomorphe, on a

(2) $$d\,\Phi_{f_o}(h) = \frac{1}{2i\pi} \int_{|\lambda| = 1} \frac{\Phi(f_o + \lambda h)}{\lambda} d\lambda$$

d'où, si $\sup_{z \in U} |h(z)| < M_U$, $|d\,\Phi_{f_o}(h)| < 1$

C'est à dire que <u>la fonctionnelle linéaire</u> $h \longmapsto d\Phi_{f_o}(h)$ <u>est portable par</u> K .

De même

(3) $$\frac{1}{k!} d^k\Phi_{f_o}(h^k) = \frac{1}{2i\pi} \int_{|\lambda| = 1} \frac{\Phi(f_o + \lambda h)}{\lambda^{k+1}} d\lambda$$

d'où, de $\sup_{z \in U} |h(z)| < M_U$ on tire $|d^k \Phi_{f_o}(h^k)| \leq k!$

Si la fonctionnelle Φ est polynomiale de degré $\leq n$ on a la formule de Taylor :

(4) $$\Phi(f) = \sum_k \frac{1}{k!} d^k \Phi_{f_o}((f - f_o)^k)$$

Posant $\|f\|_U = \sup_{z \in U} |f(z)|$ il vient :

(5) $$|\Phi(f)| \leq \sum_{k \leq n} \left(\frac{\|f\|_U}{M_U}\right)^k \leq (n + 1)\left(\frac{\|f\|_U^n}{M_U^n} + 1\right)$$

Ceci prouve que Φ considérée comme fonctionnelle non linéaire donnée au voisinage de zéro est portable par K. Pour une fonctionnelle polynomiale la notion de porteur ne dépend pas du point au voisinage duquel nous la considérons comme donnée (résultat annoncé en [9] page 192).

2.- La transformation de Fourier-Borel générale

Soit Φ une fonctionnelle polynomiale définie sur V. On définit sa transformée de Fourier-Borel $F\Phi$ sur $\mathcal{O}(V)$ par :

(6) $$F\Phi(f) = \Phi(e^f) .$$

Par la proposition 5 de [9] on sait que l'application $\Phi \longmapsto F\Phi$ est injective de l'espace des fonctionnelles polynomiales dans l'espace des fonctionnelles définies sur V et données au voisinage de zéro. Si K est un compact de V, et $f \in \mathcal{O}(V)$ nous noterons par $\mathfrak{m}_K(f)$ le nombre $\sup_{z \in K} (\mathrm{Re}\, f(z))$

Si K' contient K dans son intérieur, nous notons $K' \supset\supset K$.

Il vient le

THÉORÈME 1.- a) Si Φ est une fonctionnelle polynomiale de degré $\leq n$ portable par un compact K, pour tout $K' \supset\supset K$ on a une majoration : pour tout $f \in \mathcal{O}(E)$

$$\text{(a)} \qquad |F\,\Phi(f)| \leq \sum_{\ell \leq n} C_{K'}(\ell)\, \exp(\ell h_{K'}(f)) \quad ; \quad C_{K'}(\ell) \in \mathbb{R}^+$$

b) Réciproquement, supposons que Φ soit une fonctionnelle entière, et que pour tout $K' \supset\supset K$ on ait une majoration du type (a), alors Φ est une fonctionnelle polynomiale de degré $\leq n$ portable par K.

Démonstration. a) On a $\Phi = \sum_{h \leq n} \Phi_h$ où Φ_h est homogène de degré h.

Si $|\mathrm{Re}\, f(z)| \leq A$ sur K' on a

$$\|e^f\|_{K'} \leq e^A \quad \text{donc} \quad |\Phi_h(e^f)| \leq C_{K'}(h)\,.\,e^{hA}$$

où

$$C_{K'}(h) = \sup_{\|g\|_{K'} < 1} |\Phi_h(g)| \,.$$

Donc il vient :

$$(7) \qquad |F\,\Phi(f)| \leq \sum_{\ell \leq n} C_{K'}(\ell)\, e^{\ell h_{K'}(f)}$$

b) Par hypothèse, la fonction $f \longmapsto \Phi(f)$ est définie sur tout $\mathcal{O}(V)$ et holomorphe en tout point. Il en résulte que la fonction, définie de $\mathbb{C}$ à valeurs dans $\mathbb{C}$, $\lambda \longmapsto \Phi(\lambda\,.\,f)$ est une fonction entière. Au voisinage de la fonction 0, on a $\Phi(f) = \sum_n \Phi_n(f)$ où Φ_n est un polynôme homogène de degré n.

Donc $$\Phi(\lambda f) = \sum_n \lambda^n . \Phi_n(f)$$

et cette série converge pour tout λ . Ce qui prouve que quelle que soit f

on a $$\Phi(f) = \sum_n \Phi_n(f)$$

Posons $f = e^g$. Pour $\lambda \neq 0$, on peut choisir un α tel que $e^\alpha = \lambda$.

Il vient : $$\Phi(\lambda . e^g) = \Phi(e^{g+\alpha})$$

On a donc les majorations

(8) $$|\Phi(\lambda.e^g)| \leq \sum_{\ell \leq n} C_{K'}(\ell)[\exp(\sup_{z \in K'} \mathrm{Re}\, g(z) + \alpha)]^\ell \leq \sum_{\ell \leq n} C_{K'}(\ell).e^{\ell h_{K'}(g)} . |\lambda|^\ell$$

Du théorème de Liouville il résulte que la fonction

$\lambda \longmapsto \Phi(\lambda . e^g)$ est un polynôme de degré $\leq n$.

et comme

(9) $$\Phi(\lambda . e^g) = \sum_n \lambda^n \Phi_n(e^g)$$

pour tout $m > n$, pour tout $g \in \mathcal{O}(V)$

$$\Phi_m(e^g) = F\,\Phi_m(g) = 0 \quad .$$

La transformée de Fourier de Φ_m est nulle.

Ceci entraîne que $\Phi_m = 0$ comme nous l'avons rappelé. Donc Φ est un polynôme de degré au plus n .

De l'inégalité (a) résulte que si $|f| \leq A$ sur K'

(10) $$|F\,\Phi(f)| \leq \sum_{h \leq n} C(h)\, e^{hA} < +\infty \quad .$$

C'est à dire que $F\,\Phi$ donnée au voisinage de zéro est portable par K . Du théorème 4 de [9] résulte que Φ donnée au voisinage de 1 est portable par K et comme Φ est un polynôme, elle est portable par K . C.Q.F.D.

Notre but est maintenant de remplacer $F\Phi$ par une fonction d'un nombre fini de variables.

3.- La transformée de Fourier-Borel restreinte

Si E est un espace vectoriel complexe de dimension finie, nous désignons par $E^{(n)}$ l'espace des applications polynômes de E dans $\mathbf{C}$ et de degré $\leq n$ sans terme constant.

On a $\quad E^{(1)} = E' \quad$ et $\quad E^{(k)} \subset E^{(k+1)}$

Si on désigne par $S'^{(n)}$ le sous-espace de $\underbrace{E' \otimes \ldots \otimes E'}_{n \text{ fois}}$ formé des tenseurs symétriques, on peut mettre $E^{(n)}$ sous la forme

(11) $$E^{(n)} = E' \oplus S'^{(2)} \oplus \ldots \oplus S'^{(n)}$$

Soit Φ une fonctionnelle donnée au voisinage de 1 . Par définition, la transformée de Fourier-Borel d'ordre n de Φ, soit $F_n\Phi$, est la restriction de $F\Phi$ à $E^{(n)}$.

Nous allons nous intéresser au cas où Φ est une fonctionnelle polynomiale homogène de degré k .

Nous nous proposons de prouver que l'application $\Phi \longmapsto F_n\Phi$ est une injection de l'espace $\mathcal{O}^{(k)}(E)$ des fonctionnelles polynômes homogènes de degré k dans un sous-espace de $\mathrm{Exp}\,(E^{(n)})$ l'espace des fonctions entières de type exponentiel sur $E^{(n)}$, si $n \geq k$.

Nous caractériserons l'image. En particulier lorsque $E = \mathbf{C}$, on verra que l'application $\Phi \longmapsto F_k\Phi$ est injective sur $\mathrm{Exp}\,(\mathbf{C}^{(k)})$ ce qui va fournir une nouvelle généralisation de la représentation de Polyā pour une fonction de k variables entière de type exponentiel.

Nous avons noté Φ^s la fonctionnelle k-linéaire symétrique associée à Φ . L'espace $\mathcal{O}(E)$ étant un Fréchet nucléaire, on peut identifier le produit tensoriel complété $\mathcal{O}(E) \underbrace{\hat{\otimes} \ldots \hat{\otimes}}_{k \text{ fois}} \mathcal{O}(E)$ avec $\mathcal{O}(\underbrace{E \times \ldots \times E}_{k \text{ fois}})$ par prolongement linéaire et continu de l'application :

$$f_1 \otimes \ldots \otimes f_k \longmapsto ((z_1, \ldots, z_k) \longmapsto f_1(z_1) \ldots f_k(z_k))$$

([5] Chapitre 2 § 3). Donc il existe une forme linéaire continue T_Φ unique sur $\mathcal{O}(E \times \ldots \times E)$, c'est à dire une fonctionnelle analytique linéaire, telle que $\forall \ f_1, \ldots, f_k \in \mathcal{O}(E)$ on ait :

(12) $$\Phi^s(f_1, \ldots, f_k) = T_\Phi((z_1, \ldots, z_k) \longmapsto f_1(z_1) \ldots f_k(z_k))$$

La fonctionnelle T_Φ jouit de certaines propriétés d'invariance.

Si $\sigma \in \mathfrak{S}_k$ on a une transformation analytique j_σ de $\underbrace{E \times \ldots \times E}_{k \text{ fois}} = E^k$ en lui-même, définie par $j_\sigma((z_1, \ldots, z_k)) = (z_{\sigma(1)}, \ldots, z_{\sigma(k)})$.

De $\Phi^s(f_{\sigma(1)}, \ldots, f_{\sigma(k)}) = \Phi^s(f_1, \ldots, f_k)$ on tire :

(13) $$T_\Phi \circ j_\sigma = T_\Phi$$

Une fonctionnelle satisfaisant à cette condition sera dite <u>symétrique</u>.

Réciproquement, soit U une fonctionnelle analytique linéaire symétrique sur E^k. Si on pose $\Phi_U(f) = U((z_1, \ldots, z_k) \longmapsto f(z_1) \ldots f(z_k))$ on obtient une fonctionnelle polynomiale homogène de degré k dont la forme k-linéaire associée Φ_U^s est $\Phi_U^s(f_1, \ldots, f_k) = U((z_1, \ldots, z_k) \longmapsto f(z_1, \ldots, z_k))$ d'où la

<u>PROPOSITION 1.- L'application</u> $\Phi \longmapsto T_\Phi$ <u>est un isomorphisme de</u> $\mathcal{O}'^{(k)}(E)$ <u>sur l'espace</u> $\mathcal{O}'^s(E^k)$ <u>des fonctionnelles linéaires et symétriques définies sur</u> E^k.

Ceci permet d'appliquer et de retraduire dans le cas non linéaire ce que l'on connaît dans le cas linéaire.

A titre d'exemple, on a la

PROPOSITION 2.- La fonctionnelle Φ homogène et de degré k est portable par le compact L de E si et seulement si T_Φ est portable par L^k dans E^k .

Démonstration. On sait que

$$(14) \qquad \mathcal{O}(L) \underbrace{\hat{\otimes} \ldots \hat{\otimes}}_{k-1 \text{ fois}} \mathcal{O}(L) = \mathcal{O}(L^k) = \varinjlim_{\omega \supset L} [\mathcal{O}(\omega) \hat{\otimes} \ldots \hat{\otimes} \mathcal{O}(\omega) = \mathcal{O}(\omega^k)]$$

ω ouvert contenant L , cf. [5], [8].

Dire que Φ est portable par K c'est dire que pour tout voisinage ω de K il existe $N_\omega > 0$ tel que $\sup_{z \in \omega} |f(z)| < 1$ entraîne $|\Phi(f)| < N_\omega$.

Il en résulte que

$$(15) \qquad \Phi^s(f_1,\ldots, f_k) < \frac{k^k}{k!} N_\omega \quad \text{si pour tout } j = 1, 2,..,k \text{ on a } \sup_{z \in \omega} |f_j(z)| < 1 .$$

Donc en vertu des égalités (14) :

$$(16) \qquad |T_\Phi(g)| \le \frac{k^k}{k!} N_\omega \quad \text{si} \quad \sup_{\substack{z_j \in \omega \\ g \in \mathcal{O}(\omega^k)}} |g(z_1,\ldots, z_k)| < 1$$

c'est à dire que T_Φ est portable par L^k . La réciproque est claire.

COROLLAIRE 1.- Deux porteurs convexes de Φ ont un point en commun.

Démonstration. Si Γ_1 et Γ_2 sont deux porteurs convexes de Φ Γ_1^k et Γ_2^k sont des porteurs convexes de T_Φ donc $\Gamma_1^k \cap \Gamma_2^k \neq \emptyset$ donc

$$\Gamma_1 \cap \Gamma_2 \neq \emptyset .$$

C.Q.F.D.

COROLLAIRE 2.- Soit Φ homogène de degré k donnée sur E de dimension n . Si Φ est portable par les intersections nk à nk de m convexes $\Gamma_{j},\ j \in J$ alors Φ est portable par $\bigcap_{j \in J} \Gamma_j$.

Démonstration. $\Gamma_1^k \cap \Gamma_2^k = (\Gamma_1 \cap \Gamma_2)^k$. On est donc ramené à un énoncé connu [7] pour les fonctionnelles linéaires.

C.Q.F.D.

COROLLAIRE 3.- Soit Φ homogène de degré k définie sur $\mathbb{C}$. L'intersection des porteurs compacts convexes de Φ est non vide.

Démonstration. En vertu du théorème de Helly [1], il suffit de prouver que si $\Gamma_1, \Gamma_2, \Gamma_3$ sont trois porteurs convexes de Φ alors $\Gamma_1 \cap \Gamma_2 \cap \Gamma_3 \neq \emptyset$.

Si T_Φ est portable par Γ_j^k elle est portable

par
$$U_{i,j} = \underbrace{(\Gamma_i \cup \Gamma_j) \times \dots \times (\Gamma_i \cup \Gamma_j)}_{(k-1)\text{ fois}} \times \Gamma_j$$

et par
$$U_{j,i} = \underbrace{(\Gamma_i \cup \Gamma_j) \times \dots \times (\Gamma_i \cup \Gamma_j)}_{(k-1)\text{ fois}} \times \Gamma_i$$

$U_{i,j} \cup U_{j,i} = (\Gamma_i \cup \Gamma_j)^k$. Et comme $\Gamma_i \cup \Gamma_j$ est $\mathcal{O}(\mathbb{C})$-convexe, $U_{i,j} \cup U_{j,i}$ est $\mathcal{O}(\mathbb{C}^k)$-convexe. Donc, [7], T_Φ est portable par

$$U_{i,j} \cap U_{j,i} = (\Gamma_i \cup \Gamma_j)^{k-1} \times (\Gamma_i \cap \Gamma_j)$$

Si nous notons par $\gamma_{i,j}$ l'enveloppe convexe de $(\Gamma_i \cup \Gamma_j)^{k-1}$ on voit que T_Φ est portable par

$$\gamma_{1,2} \times (\Gamma_1 \cap \Gamma_2) \quad , \quad \gamma_{2,3} \times (\Gamma_2 \cap \Gamma_3) \quad , \quad \gamma_{3,1} \times (\Gamma_3 \cap \Gamma_1)$$

D'après le corollaire 1

$$(\gamma_{1,2} \times (\Gamma_1 \cap \Gamma_2)) \cap (\gamma_{2,3} \times (\Gamma_2 \cap \Gamma_3)) \neq \emptyset$$

donc
$$(\Gamma_1 \cap \Gamma_2) \cap (\Gamma_2 \cap \Gamma_3) = \Gamma_1 \cap \Gamma_2 \cap \Gamma_3 \neq \emptyset$$

C.Q.F.D.

Nous allons maintenant prouver quelques résultats concernant les fonctions symétriques.

D'abord des <u>définitions</u>.

Nous notons par σ^h l'application définie de E^k dans S^h , l'espace des tenseurs symétriques définis sur E , par

$$(z_1,\ldots, z_k) \longmapsto \sum_{p=1}^{k} \underbrace{z_p \otimes \ldots \otimes z_p}_{h \text{ fois}}$$

Nous noterons encore :

(17) $$\sigma^h((z_1,\ldots, z_k)) = \sum_{p=1}^{k} z_p^{\otimes h}$$

<u>Nous disons que</u> σ^h est la h-ième <u>fonction symétrique de Newton de</u> $(z_1,\ldots,z_k)$

<u>Nous disons qu</u>'un ensemble X de E^k est un <u>ensemble symétrique</u> si

$$z = (z_1,\ldots, z_k) \in X \quad \text{entraîne} \quad \sigma z = (z_{\sigma(1)},\ldots, z_{\sigma(k)}) \in X$$

pour tout $\sigma \in \mathfrak{S}_k$.

<u>LEMME 1.- Si</u> $K \subset E^k$ <u>est un compact symétrique et polynomialement convexe, il existe une famille</u> P_i , $i \in I$, <u>de polynômes symétriques tels que</u> :

$$K = \{z \mid |P_i(z)| \leq 1 \quad \text{pour tout} \quad i \in I\}$$

<u>Démonstration</u>. Soit $z_o \notin K$. Par hypothèse il existe un polynôme P tel que $P(z_o) = 1$ et tel que $\sup_{x \in K} |P(x)| = a < 1$.

Nous désignons par σz_o l'image de z_o par $\sigma \in \mathfrak{S}_k$ et par $\alpha(\sigma)$ la valeur de P au point σz_o .

Soit $M = \sup |\alpha(\sigma)|$. La famille des σ réalisant ce maximum est un sous-ensemble de $\mathfrak{S}_k$ soit $\{\sigma_o,\ldots, \sigma_p\}$. On a $M \geq 1$. On peut supposer que σ_o est l'unité de $\mathfrak{S}_k$ quitte à remplacer P par un polynôme σP .

Divisons P par M . Il vient

(18) $$\left(\sum_{\sigma \notin \{\sigma_o,\ldots, \sigma_p\}} \frac{|\alpha(\sigma)|^n}{M^n} \right) \longrightarrow 0 \quad \text{si} \quad n \longrightarrow \infty$$

Etant donné une suite finie $(\zeta_o, \zeta_1, \ldots, \zeta_p)$ de nombres complexes de module 1, il existe une constante $\gamma \geq 1$ et une suite infinie d'entiers n_j tels que :

(19) $$\left| \sum_{h=1}^{p} (\zeta_h)^{n_j} \right| \geq \gamma \quad .$$

La constante γ peut d'ailleurs être prise aussi voisine qu'on veut de $p + 1$, strictement inférieure à $p + 1$ pour $p > 0$. Ceci résulte, sans autres détails, de ce que pour tout $\varepsilon > 0$, et $N \in \mathbb{R}^+$, il existe un $n(\varepsilon) \in \mathbb{N}$, $n(\varepsilon) > N$, tel que pour tout $j = 0, 1, \ldots, p$, on ait :

$$|\zeta_j^{n(\varepsilon)} - 1| < \varepsilon \quad .$$

Prenant n assez grand dans la suite n_j on aura donc :

(20) $$\left| \sum_{\sigma \in \mathfrak{S}_k} \left(\frac{\alpha(\sigma)}{M}\right)^n \right| \geq 1 \qquad \text{et pour}$$

(21) $z \in K$, $$\sum_{\sigma \in \mathfrak{S}_k} \frac{|\sigma P(z)|^n}{M} \leq k!\, a^n < 1$$

C'est à dire que le polynôme $\sum_{\sigma \in \mathfrak{S}_k} \left(\frac{\sigma P}{M}\right)^n$ sépare le point z_o de l'ensemble K. Ceci prouve le lemme.

<u>Nous disons</u> qu'un polynôme symétrique est un <u>polynôme de Newton</u> s'il est de la forme

$$(z_1, \ldots, z_k) \longmapsto \sum_{j=1}^{k} \varphi(z_j) \qquad \text{où } \varphi \text{ est un polynôme sur } E \; .$$

Supposons que $K \subset E^k$ soit de la forme L^k où L est un compact polynomialement convexe de E. Alors on peut prendre, pour séparer $z_o \notin K$ de K, un polynôme de Newton. En effet, si J est l'ensemble fini des $z_{o,j}$ tels que $z_{o,j} \notin L$, on peut trouver un polynôme P sur E tel que

$$|P(z_{o,j})| > 1 \quad \text{et} \quad |P(z)| \leq a < 1 \quad \text{pour} \quad z \in L .$$

Prenant une certaine puissance ν de P on peut supposer que les arguments des $P^{\nu}(z_{o,j})$ sont tous très voisins. Alors si

$$Q(z_1, \ldots, z_k) = \sum_{j=1}^{k} P^{\nu}(z_j) \tag{22}$$

on aura $|Q(z_o)| > 1$ mais $|Q(z)| < 1$ pour $z \in K$.

Introduisons la notion de tenseurs de Newton. L'espace des tenseurs d'ordre n sur E^k est $\underbrace{E^k \otimes \ldots \otimes E^k}_{n \text{ fois}}$. L'espace des tenseurs d'ordre n sur E peut être identifié à un sous-espace du précédent

Soit $j_h : E \longrightarrow E^k$ définie par $z \longmapsto (\underbrace{0, \ldots, z}_{h}, 0, \ldots, 0)$

$j_h^{\otimes n}$ applique $E^{\otimes n}$ dans $(E^k)^{\otimes n}$

Notons par $S^{\otimes n}$ le sous-espace des tenseurs symétriques de $E^{\otimes n}$. l'image de $S^{\otimes n}$ dans $(E^k)^{\otimes n}$ par l'application $j_1^{\otimes n} + j_2^{\otimes n} + \ldots + j_k^{\otimes n}$ est notée $N_k^{(n)}$ et appelée espace des tenseurs de Newton d'ordre n . Ces tenseurs sont symétriques de chaque variable $z_1, \ldots, z_k$, et symétriques de l'ensemble des variables $(z_1, \ldots, z_k)$.

On considère aussi

$$\sum_{j \leq N} N_k^{(j)} = \rho_k^{(N)} \tag{23}$$

qui est l'espace des tenseurs de Newton d'ordre inférieur ou égal à N .

L'application de Newton d'ordre N , soit ν_k^N , est l'application

$$(z_1, \ldots, z_k) \longmapsto (\sigma^1(z_1, \ldots, z_k) , \sigma^2(z_1, \ldots, z_k) , \ldots, \sigma^N(z_1, \ldots, z_k)) \tag{24}$$

définie de E^k à valeurs dans $\rho_k^{(N)}$.

Pour $N \geq k$ l'image de E^k est un sous-ensemble algébrique $\mathcal{N}_k^{(N)}$ de $\rho_k^{(N)}$. En effet, il admet une représentation paramétrique algébrique, donc il est ouvert de Zariski d'un ensemble algébrique. Il reste à voir qu'il est fermé. Choisissant une base dans E on en déduit des bases dans E^k et dans toutes les puissances tensorielles.

Notons $z_j = (z_{j,1},\dots, z_{j,n})$. Un point de $\mathcal{N}_k^{(N)}$ a parmi ses coordonnées les nombres

$$\sum_{j=1}^{k} z_{j,1} = \sigma_1^1 \,,\quad \sum_{j=1}^{k} (z_{j,1})^2 = \sigma_1^2 \,,\dots, \sum_{j=1}^{k} (z_{j,1})^N = \sigma_1^N$$

Si les nombres $|\sigma_1^j|$ $|j| \leq k$ sont bornés par une constante A, les fonctions symétriques élémentaires

$$\alpha_1^1 = \sigma_1^1 \,,\quad \alpha_1^2 = \sum z_{1,1}\, z_{2,1} \,,\dots, \alpha_1^h = \sum z_{1,1}\, z_{2,1} \,,\dots, z_{h,1} \,,\qquad h \leq k$$

qui sont des polynômes des σ_1^h, sont elles-mêmes bornées en module par une constante B.

Donc les nombres $(z_{1,1},\dots, z_{k,1})$, racines de l'équation

(25) $$X^k - \alpha_1^1 X^{k-1} + \alpha_1^2 X^{k-2} + \dots$$

sont bornés en module par $1 + kB$, et de même pour les $z_{k,j}$, $j = 2,\dots,n$. Ceci prouve que ν_k^N est propre pour $N \geq k$. Donc $\mathcal{N}_k^{(N)}$ est fermé et en conséquence défini par un idéal $\mathfrak{J}_{k,N}$.

Notons que si $N = k$, dim $E = 1$ alors $\mathfrak{J}_{N,N} = 0$. Par contre, on aura toujours $\mathfrak{J}_{k,N} \neq 0$ si dim $E > 1$.

Comme nouveau lemme nous avons la

PROPOSITION 3.- Soit K un compact symétrique de E^k et $\nu_k^N \cdot K$ son image dans $\rho_k^{(N)}$. On suppose $N \geq k$. Le compact $\nu_k^N \cdot K$ est polynomialement convexe dans l'espace des tenseurs de Newton d'ordre $\leq N$ (ou des

<u>tenseurs symétriques d'ordre</u> $\leq N$)(<u>ou des tenseurs d'ordre</u> $\leq N$) <u>si</u> K <u>est polynomialement convexe</u>. <u>Réciproquement, si</u> L <u>est un compact de</u> $\mathcal{N}_k^{(N)}$ <u>qui est polynomialement convexe, il existe un unique compact symétrique</u> K <u>de</u> E^k <u>tel que</u> $\nu_k^N \cdot K = L$. <u>Le compact</u> K <u>est polynomialement convexe</u>.

<u>Démonstration</u>. Montrons d'abord que la donnée de $(z_1, \ldots, z_k)$ à une permutation près, équivaut à la donnée du point $\nu_k^k(z_1, \ldots, z_k)$ sur $\mathcal{N}_k^{(k)}$. Soit $z' = (z_1', \ldots, z_k')$ n'appartenant pas à $\bigcup_{\sigma \in \mathfrak{S}_k} \{\sigma(z_1, \ldots, z_k)\}$. Alors nécessairement l'ensemble $A' = \bigcup_j \{z_j'\} \subset E$ est distinct de l'ensemble $A = \bigcup_j \{z_j\} \subset E$.

Il existe alors une forme linéaire ℓ telle que $\ell(A') \neq \ell(A)$. Nous posons

$$\zeta_j = \ell(z_j) \ , \quad \zeta_j' = \ell(z_j') \qquad j = 1, 2, \ldots, h \ .$$

Nous pouvons prendre ℓ comme première coordonnée et nous complétons cette base. Le point $\nu_k^{(N)}(z_1, \ldots, z_k)$ a parmi ses coordonnées les fonctions de Newton $\sum_{j=1}^{k} \zeta_j^P \qquad 1 \leq P \leq N$.

Les fonctions symétriques élémentaires sont des fonctions des fonctions de Newton d'ordre $\leq k$. Donc les

(26) $$\alpha_j = \sum \zeta_1 \zeta_2 \cdots \zeta_j \quad , \quad \alpha_j' = \sum \zeta_1' \zeta_2' \cdots \zeta_j'$$

sont bien déterminées par le point

$$\nu_k^{(N)}(z_1, \ldots, z_k) \qquad \text{et le point} \qquad \nu_k^{(N)}(z_1', \ldots, z_k') \ .$$

Mais les polynômes $\prod_{j=1}^{k} (\zeta - \zeta_j)$ et $\prod_j (\zeta - \zeta_j')$ sont distincts

donc $$\nu_k^{(N)}(z_1, \ldots, z_k) \neq \nu_k^{(N)}(z_1', \ldots, z_k') \ .$$

Puisque $\mathcal{N}_k^{(N)}$ est un sous-ensemble algébrique de l'espace des tenseurs de Newton, pour vérifier qu'un compact L de $\mathcal{N}_k^{(N)}$ est polynomialement convexe, il suffit de voir que tout point de $\mathcal{N}_k^{(N)}$ non dans L, peut être séparé de L par une fonction holomorphe sur $\mathcal{N}_k^{(N)}$.

Soit $t \notin \nu_k^N . K$. Il existe $(\theta_1,..,\theta_k) \notin K$ tel que $\nu_k^N(\theta_1,.,\theta_k) = t$ D'après le lemme 1 il existe un polynôme symétrique P tel que

(27) $$|P(\theta_1,..., \theta_k)| > \sup_{z \in K} |P(z)| .$$ On suppose P de degré au plus M.

On peut trouver un polynôme Q défini sur l'espace des polynômes de Newton d'ordre $\leq M$ tel que $P(u_1,..., u_k) = Q \circ \nu_k^M(u_1,..., u_k)$.

On peut en effet écrire

(28) $$P(z_1,..., z_k) = \sum_{i_1 \dots i_k} a_{i_1 \dots i_k}(z_1^{\otimes i_1} \otimes \dots \otimes z_k^{\otimes i_k})$$

où $a_{i_1 \dots i_k}$ est une forme linéaire (non uniquement définie) sur l'espace des tenseurs d'ordre $i_1 + \dots + i_k$ construits sur E^k. On aura aussi

(29) $$P(z_1,..., z_k) = \sum_{i_1 \dots i_k} a_{i_1 \dots i_k}\left(\frac{1}{k!} \sum_{\sigma \in \mathfrak{S}_k} z_{\sigma 1}^{\otimes i_1} \otimes \dots \otimes z_{\sigma k}^{\otimes i_k}\right)$$

Mais le tenseur

(30) $$\frac{1}{k!}\left(\sum_{\sigma \in \mathfrak{S}_k} z_{\sigma 1}^{\otimes \alpha_1} \otimes \dots \otimes z_{\sigma k}^{\otimes \alpha_k}\right)$$

s'exprime comme un polynôme de tenseurs de Newton d'ordre inférieur ou égal à $\alpha_1 + \dots + \alpha_k$. En effet, on peut supposer $\alpha_1 \geq \alpha_2 \geq \dots \geq \alpha_k$. Si $\alpha_{\ell+1} = 0$ on dira que le monôme est de longueur au plus ℓ. Le résultat est vrai si $\ell = 1$. Supposons le prouvé pour $\ell - 1 \neq 0$. Formons

(31) $$(z_1^{\otimes \alpha_1} \otimes .. \otimes z_\ell^{\otimes \alpha_\ell} + ..) - \frac{1}{\ell!}(z_1^{\otimes \alpha_1} + ..)(z_1^{\otimes \alpha_2} + ..)..(z_1^{\otimes \alpha_\ell} + ..)$$

Dans cette expression le terme $z_1^{\otimes \alpha_1} \otimes \ldots \otimes z_\ell^{\otimes \alpha_\ell}$ a disparu. Les tenseurs symétriques composants correspondent à des monômes de longueur au plus $\ell - 1$. Ils sont donc des polynômes des tenseurs de Newton d'ordre inférieur ou égal à $\alpha_1 + \ldots + \alpha_k$. Par substitution dans l'expression de P on obtient ainsi le polynôme Q .

L'application $(\nu_k^M) \circ (\nu_k^N)^{-1}$ est un isomorphisme de $\mathcal{N}_k^{(N)}$ sur $\mathcal{N}_k^{(M)}$ si N , M ≥ k . Nous avons donc prouvé que la fonction définie sur ν_k^N par

(32) $$R(\tau) = P((\nu_k^N)^{-1}(\tau)) = Q(\nu_k^M \circ (\nu_k^N)^{-1}(\tau))$$

est holomorphe sur ν_k^N , et on a

(33) $$|R(t)| > \sup_{\theta \in \nu_k^N .\, K = L} |R(\theta)|$$

Réciproquement, si L compact de $\mathcal{N}_k^{(N)}$ est polynomialement convexe et si $(z_{o,1}, \ldots, z_{o,k}) \notin (\nu_k^N)^{-1}(L)$, considérons une fonction polynôme Q telle que $|Q(\nu_k^N(z_{o,1}, \ldots, z_{o,k}))| > \sup_{\eta \in L} Q(\eta)$. La fonction holomorphe $Q \circ \nu_k^N$ sépare $(z_{o,1}, \ldots, z_{o,k})$ de K . C.Q.F.D.

<u>PROPOSITION 4.- Si</u> f <u>est une fonction holomorphe au voisinage de</u> K <u>polynomialement convexe et symétrique, pour</u> N ≥ k <u>il existe</u> g <u>holomorphe au voisinage de</u> $\nu_k^N . K = L$ <u>et telle que</u> $f = g \circ \nu_k^N$.

<u>Démonstration</u>. Soient P_i , $i \in I$, les polynômes symétriques définissant le compact K , c'est à dire $K = \{z \mid |P_i(z)| < 1 , \text{ tout } i \in I\}$. La fonction f est holomorphe dans un voisinage ouvert ω de K . Donc il existe une famille finie $H \subset I$ telle que

$$L = \{(z_1, \ldots, z_k) \mid |P_h(z_1, \ldots, z_k)| \leq 1 \text{ pour tout } h \in H\}$$

soit un voisinage compact de ω . Des coordonnées étant choisies dans E , donc dans E^k , on a

(34) $$P_h(u) - P_h(z) = \sum_{\lambda=1}^{kn} (u_\lambda - z_\lambda)\, P_{h,\lambda}(u, z)$$

les $P_{h,\lambda}$ étant des polynômes. Par commodité, on suppose l'ensemble H ordonné $H = (1, 2, \ldots, p)$. On va adapter les notations de [4] concernant l'intégrale de Cartan-Cauchy-Weil.

Soit a une fonction indéfiniment dérivable, définie dans $\mathbb{C}$, identique à 1 sur le disque unité, à support compact dans un disque de rayon r , $r > 1$. Posons $b_h = a \circ P_h$, $h = 1, 2, \ldots, p$. On suppose r assez voisin de 1 pour que $b(u) = \prod_h b_h(u)$ ait son support dans ω .

On pose :

(35) $$\alpha_h = \frac{\sum P_{h,\lambda}(u, z)du_\lambda}{P_h(u) - P_h(z)} \quad , \quad \omega_h = \alpha_h \wedge db_h$$

On pose :

(36) $$\Omega(u\,;\,z) = \sum_{j_1 < \ldots < j_{nk}} \frac{b}{b_{j_1} \ldots b_{j_{nk}}}\, \omega_{j_1} \wedge \ldots \wedge \omega_{j_{nk}}$$

Pour tout z de l'intérieur de L on a :

(37) $$\int f(u)\, \Omega\,(u\,;\,z) = (2i\pi)^{nk} \,.\, f(z)$$

on a :

(38) $$(2i\pi)^{nk} f(z) = \frac{1}{k!} \left(\int f(u) \left(\sum_{\sigma \in \mathfrak{S}_k} \Omega(u, \sigma z)\right)\right)$$

De $P_h(z) = P_h(\sigma z)$ on tire :

(39) $$\alpha_h(u, \sigma z) = \left(\sum P_{h,\lambda}(u, \sigma z)du_\lambda\right) / \,(P_h(u) - P_h(z))$$

D'où

(40) $$\tilde{\alpha}_h = \left(\frac{1}{k!}\sum_{\sigma \in \mathfrak{S}_k} \alpha_h(u, \sigma z)\right) = \frac{\left[\sum_\lambda \left(\sum_{\sigma \in \mathfrak{S}_k} \frac{1}{k!} P_{h,\lambda}(u, \sigma z)\right) du_\lambda\right]}{(P_h(u) - P_h(z))}$$

Nos polynômes sont de degré $\leq M$ où $M \geq k$.

Donc il existe des polynômes $Q_{h,\lambda}(u, \xi)$, Q_h , où $\xi \in \rho^{(M)}$ tels que :

(41)
$$\Big(\sum_{\sigma \in \mathfrak{S}_k} \frac{1}{k!} P_{h,\lambda}(u, \sigma z)\Big) = Q_{h,\lambda}(u, \nu_k^M z)$$
$$P_h(z) = Q_h(\nu_k^M z)$$

D'où

(42)
$$\tilde{\alpha}_h(u, \xi) = \Big(\sum_{\lambda} Q_{h,\lambda}(u, \xi) du_\lambda\Big) / (P_h(u) - Q_h(\xi))$$
$$\tilde{\alpha}_h(u, z) = \tilde{\alpha}_h(u, \nu_k^M z) \quad . \qquad [1]$$

On pose :

(43)
$$\tilde{\omega}_h(u, \xi) = \tilde{\alpha}_h(u, \xi) \wedge db_h(u)$$
$$\tilde{\Omega}(u, \xi) = \sum_{j_1 < \dots < j_{nk}} \frac{b(u)}{b_{j_1}(u) \dots b_{j_{nk}}(u)} \tilde{\omega}_{j_1} \wedge \dots \wedge \tilde{\omega}_{j_{nk}}(u, \xi)$$

Par construction les coefficients de la forme $\tilde{\Omega}$ sont holomorphes en ξ au voisinage de $\nu_k^M K$.

Donc
$$\frac{1}{(2i\pi)^{nk}} \int f(u)\, \tilde{\Omega}\, (u, \xi) = g(\xi)$$
est une fonction holomorphe en ξ au voisinage de $\nu_k^M K$.

Mais

(44) $$g(\nu^M z) = \frac{1}{(2i\pi)^{nk}} \int f(u)\, \tilde{\Omega}\, (u, \nu^M z) = \frac{1}{(2i\pi)^{nk}} \int f(u)\, \Omega\, (u, z) = f(z) \quad .$$

Pour passer à l'énoncé de la proposition 4 il faut revenir à N fixé. Mais la restriction de g à $\mathcal{N}_k^{(M)}$ est une fonction holomorphe sur $\mathcal{N}_k^{(M)}$ au voisinage de $\nu_k^M K$. Donc la fonction $\gamma = g \circ \nu_k^M \circ (\nu_k^N)^{-1}$ est holomorphe sur $\mathcal{N}_k^{(N)}$ au voisinage de $\nu_k^N . K$, elle satisfait à $\gamma(\nu_k^N z) = f(z)$

Note [1] : Nous notons de la même façon $\tilde{\alpha}_h(u, z)$ et $\tilde{\alpha}_h(u, \xi)$ pour éviter la multiplication des symboles.

et on sait [4] qu'elle est la restriction d'une fonction définie au voisinage de $\nu_k^N . K$ dans $\rho_K^{(N)}$ car $\nu_k^N . K$ est polynomialement convexe.

C.Q.F.D.

Il vient alors la

PROPOSITION 5.- Le compact K étant supposé polynomialement convexe et symétrique, pour tout $N \geq k$ l'application ν_k^N établit un isomorphisme entre l'espace des fonctionnelles analytiques symétriques portables par K et l'espace des fonctionnelles analytiques portables par $L = \nu_k^N . K$, strictement portables par $\mathscr{N}_k^{(N)}$.

Démonstration. Si V et W sont deux espaces analytiques dénombrables à l'infini, i une injection de V dans W, on dit, par extension de la terminologie introduite en [7] Chapitre I , qu'une fonctionnelle analytique définie sur W est strictement portable par V si elle appartient à $i((\mathcal{O}(V))')$ où $\mathcal{O}(V)$ désigne l'espace de Fréchet des fonctions holomorphes sur V . Supposons que V et W soient sans éléments nilpotents et ajoutons que W est de Stein. Une fonctionnelle $T \in (\mathcal{O}(W))'$ est strictement portable par V si et seulement si, pour toute $f \in I_V$ où I_V est l'idéal de $i(V)$, on a $f . T = 0$. En effet, l'application ρ_V qui à $f \in \mathcal{O}(W)$ associe sa restriction à V est alors un morphisme surjectif par un théorème de H. Cartan. Donc $i((\mathcal{O}(V))')$ est fermé et même faiblement fermé par réflexivité de nos espaces et c'est, en conséquence, le polaire du noyau de ρ_V . Mais $f . T$ est défini par $(f . T)(g) = T(f . g)$. Il en résulte que $\rho_V(f) = 0$ équivaut à $\rho_V(f . g) = 0$ pour tout $g \in \mathcal{O}(V)$, donc $T(f . g) = 0$ donc $f . T = 0$. Ce résultat a déjà été prouvé en [7] dans le théorème 2.6 Chapitre I , à des extensions des définitions près.

Maintenant montrons que les fonctionnelles analytiques symétriques portables par K ne sont rien d'autre que les éléments du dual de l'espace des fonctions symétriques sur K . Notons ce dernier espace par $\mathcal{O}^s(K)$.

L'espace $\mathcal{O}^s(K)$ est fermé dans $\mathcal{O}(K)$ comme on peut le vérifier aisément, par exemple avec l'aide du théorème de Banach-Dieudonné. A une fonction $f \in \mathcal{O}(K)$ on associe

$$(45) \qquad f^s = s_K(f) = \frac{1}{k!}\Big(\sum_{\sigma \in \mathfrak{S}_k} \sigma f\Big)$$

Cette application s_K est surjective donc, sa transposée est injective d'image fermée et définie par $i(U)(f) = U(f^s)$. Soit T une fonctionnelle analytique ; elle est dans $i((\mathcal{O}^s(K))')$ si et seulement si elle est orthogonale au noyau de s_k c'est à dire si $T(f) = 0$ quand $f^s = 0$.
En particulier, considérons $f ; g \in \mathcal{O}(E)$; la fonction

$$(46) \qquad (z_1, \dots, z_k) \longmapsto (f(z_j)g(z_i) - f(z_i)\ g(z_j)) = h(z_1, \dots, z_k)$$

a pour symétrisée zéro. Donc

$$(47) \qquad T(f(z_j)g(z_i)) - T(g(z_i)f(z_j)) = 0$$

Il en résulte que T est invariante par permutation des indices i et j , donc est symétrique. Réciproquement, si T est symétrique $T(\sigma f) = T(f)$ pour toute $f \in \mathcal{O}(K)$ et tout $\sigma \in \mathfrak{S}_k$. Donc

$$T(f^s) = T(f) \quad \text{et} \quad f^s = 0 \quad \text{entraîne} \quad T(f) = 0 \ .$$

Pour terminer, l'application ν_k^N définit un isomorphisme de $\mathcal{O}^s(K)$ sur $\mathcal{O}_{\mathcal{N}_k^{(N)}}(\nu_k^N . K)$ l'espace des fonctions holomorphes au voisinage de $\nu_k^N . K$ dans $\mathcal{N}_k^{(N)}$. Donc cet isomorphisme induit un isomorphisme entre l'espace des fonctionnelles analytiques symétriques et le dual de $\mathcal{O}_{\mathcal{N}_k^{(N)}}(\nu_k^N . K)$. Mais par définition, comme on vient de le voir, ce dual s'identifie à l'espace des fonctionnelles analytiques définies sur $\rho_k^{(N)}$ et strictement portables par $\mathcal{N}_k^{(N)}$.

C.Q.F.D.

Soit X un espace vectoriel complexe de dimension finie, X' son dual. A tout polynôme P sur X on peut associer un opérateur différentiel complexe à coefficients constants sur X' qu'on notera $\hat{P}$. Si on note par x un point de X , par x' un point de X' , par $< x, x' >$ la forme bilinéaire de dualité, par $\hat{P}_{x'}$ l'opérateur $\hat{P}$ agissant sur les fonctions de x' , on a la relation de définition :

(48) $$P(x)\, e^{< x, x' >} = \hat{P}_{x'} \cdot e^{< x, x' >}$$

On dit que $\hat{P}$ est le transfourier de P .

Notons que l'espace des tenseurs de Newton d'ordre $\leq m$ a pour dual l'espace $E^{(m)}$ des polynômes de degré $\leq m$ sur E et sans terme constant. Donnons l'expression de la forme bilinéaire de dualité. Un tenseur de Newton d'ordre p , soit ξ_p est de la forme $(j_1^{\otimes p} + \ldots + j_k^{\otimes p})(\eta_p)$ où η_p est un tenseur symétrique d'ordre p sur E .

Si Q_p est un polynôme homogène de degré p , il lui est associé une forme p-linéaire et symétrique Q_p^s sur l'espace E^p , et la valeur de Q_p sur ξ_p est alors bien définie par

(49) $$\ll \xi_p, Q_p \gg = < \eta_p, \tilde{Q}_p^s > = \tilde{Q}_p^s(\eta_p)$$

où $\tilde{Q}_p^s$ est la forme linéaire sur $E^{\otimes p}$ associée à Q_p^s .

Maintenant, si $Q = \sum\limits_{h \leq m} Q_h$ où les Q_h sont homogènes de degré h , et si le tenseur ξ est de la forme $\xi = \sum\limits_{\lambda \leq m} \xi_\lambda$ où ξ_λ est un tenseur de

Newton d'ordre λ , on a

(50) $$\ll \xi, Q \gg = \sum_{h=1}^{m} \ll \xi_p, Q_p \gg$$

Nous désignons par $\hat{\mathfrak{I}}_{k,p}$ le module différentiel des polynômes différentiels définis sur $E^{(p)}$, transfourier des polynômes de $\mathfrak{I}_{k,p}$. Dans l'espace $\mathcal{E}(E^{(p)})$ des fonctions indéfiniment dérivables sur $E^{(p)}$, l'espace des solutions de $\hat{\mathfrak{I}}_{k,p}$ c'est à dire l'ensemble des f telles que

$$\hat{q}_{x'}(f(x')) = 0 \quad \text{pour tout} \quad \hat{q} \in \hat{\mathfrak{I}}_{k,p}$$

est l'espace des solutions d'un certain système d'équations aux dérivées partielles puisque $\mathfrak{I}_{k,p}$ admet une base finie.

Soit Φ une fonctionnelle homogène d'ordre k , Φ^s la n-forme linéaire symétrique associée, T_Φ la fonctionnelle analytique symétrique associée à Φ définie sur E^k . Soit f un polynôme de degré inférieur ou égal à ℓ et sans terme constant.

On a : $$F_\ell\Phi(f) = \Phi(e^f) \qquad \text{par définition.}$$

(51) $$\Phi(e^f) = \Phi^s(z_1 \longmapsto e^{f(z_1)}, \dots, z_k \longmapsto e^{f(z_k)})$$
$$= T_\Phi\left((z_1, \dots, z_k) \longmapsto e^{\sum_{j=1}^{k} f(z_j)}\right)$$

Si $f = \sum_h f_h$ où f_h est homogène de degré h .

Il vient donc :

(52) $$F_\ell\Phi(f) = T_\Phi\left((z_1, \dots, z_k) \longmapsto e^{\sum_{h=1}^{\ell} \ll \sigma^h(z_1, \dots, z_k) \, , \, f_h \gg}\right)$$

ou encore :

(53) $$F_\ell\Phi(f) = F_1(\nu_k^\ell(T_\Phi))(f)$$

où F_1 désigne la transformée de Fourier-Borel ordinaire d'une fonctionnelle

analytique définie sur $\rho_k^{(\ell)}$. C'est donc une fonction entière de type exponentiel définie sur le dual $E^{(\ell)}$ de $\rho_k^{(\ell)}$ (cf. [7] Chapitre II) .
La correspondance $\nu_k^{\ell}(T_\phi) \longmapsto F_1(\nu^{\ell}(T_\phi))$ est injective dans l'espace des fonctions entières de type exponentiel. L'application $\phi \longmapsto T_\phi$ est bijective par la proposition 1 , et l'application $T_\phi \longmapsto \nu_k^{\ell}(T_\phi)$ est injective pour $\ell \geq k$ d'après la proposition 5 . Donc l'application $\phi \longmapsto F_\ell \phi$ définie de $\mathcal{O}'^{(k)}(E)$ à valeurs dans $\mathrm{Exp}(E^{(\ell)})$ l'espace des fonctions entières de type exponentiel sur $E^{(\ell)}$ est injective pour $\ell \geq k$.

Soit $\pi \in \mathfrak{F}_{k,\ell}$. On a $\pi \cdot \nu_k^{\ell}(T_\phi) = 0$

D'après [7] Chapitre II , cela entraîne

(54) $$\hat{\pi} \cdot F_\ell \phi = 0$$

Réciproquement, supposant toujours $\ell \geq k$, soit F une fonction entière de type exponentiel sur $E^{(\ell)}$ et supposons que $\hat{\mathfrak{F}}_{k,\ell} \cdot F = 0$.
D'après le théorème de Polya-Ehrenpreis-Martineau cela signifie que F est la transformée de Fourier-Borel d'une fonctionnelle analytique T définie sur $\rho^{(\ell)}$. Et pour toute $f \in \mathfrak{F}_{k,\ell}$ on a $f \cdot T = 0$.

Il résulte que T est strictement portable par $\mathcal{N}_k^{(\ell)}$. Donc la proposition 5 assure que T est de la forme $T = \nu_k^{(\ell)} \cdot T_\phi$ où ϕ est une fonctionnelle polynomiale homogène de degré k . Et on a : $F_\ell \phi = F$.
Nous avons donc prouvé le

THÉORÈME 2.- L'application $\phi \longmapsto F_\ell \phi$ est un isomorphisme entre l'espace $\mathcal{O}'^{(k)}(E)$ des fonctionnelles polynômes homogènes définies sur E et le sous-espace de $\mathrm{Exp}(E^{(\ell)})$ des fonctions entières de type exponentiel sur $E^{(\ell)}$ solutions du système d'équations aux dérivées partielles $\hat{\mathfrak{F}}_{k,\ell} \cdot F = 0$, pourvu que $\ell \geq k$.

En particulier, si $\ell = 1$, $k = 1$ alors $\hat{\mathfrak{F}}_{k,\ell} = 0$, et on retrouve l'énoncé linéaire classique.

Si $n = 1$, $k = \ell$ on a encore $\hat{\mathfrak{Z}}_{k,k} = 0$

d'où le

COROLLAIRE.- La transformée de Fourier-Borel d'ordre n établit un isomorphisme entre $\mathcal{O}'^{(n)}(\mathbb{C})$ et $\mathrm{Exp}(\mathbb{C}^n)$. Une fonction entière de n-variable et de type exponentiel F admet donc la représentation de Polya suivante : il existe Φ fonctionnelle polynomiale homogène de degré n telle que :

(55) $$F(u_1,\dots, u_n) = \Phi(\zeta \longmapsto e^{u_1 \cdot \zeta + u_2 \cdot \zeta^2 + \dots + u_n \cdot \zeta^n})$$

4.- L'indicatrice de croissance

Si F est une fonction entière de type exponentiel définie sur un espace vectoriel complexe X on a introduit [7] son indicatrice de croissance

(56) $$\Lambda_F(x) = \Big(\overline{\lim_{r \to +\infty}} \; r^{-1} \log |F(r \cdot x)|\Big)^*$$

où, si g est une fonction, g^* désigne sa plus petite majorante semi-continue supérieurement.

On dira qu'une propriété P de Φ fonctionnelle polynomiale homogène d'ordre k est convexe d'ordre ℓ si elle est équivalente à une condition

(57) $$\Lambda_{F_\ell \Phi} \leq h_\Gamma$$ où Γ est un convexe de l'espace des tenseurs de Newton d'ordre inférieur ou égal à ℓ .

Nous allons donner des exemples de telles propriétés.

Supposons que E soit le complexifié d'un espace vectoriel réel $E_{\mathbb{R}}$. On écrira $E = E_{\mathbb{R}} + i\, E_{\mathbb{R}} = E_{\mathbb{R}} \otimes_{\mathbb{R}} \mathbb{C}$. Dans cette hypothèse, l'espace des tenseurs d'ordre ℓ se décompose en partie réelle et partie complexe, car

(58) $$E^{\otimes \ell} = (E_{\mathbb{R}}^{\otimes_{\mathbb{R}} \ell} \otimes_{\mathbb{R}} \mathbb{C})$$, et de même les tenseurs symétriques,

les tenseurs de Newton, admettent une décomposition en partie réelle et partie imaginaire.

Nous noterons la partie réelle des tenseurs de Newton d'ordre inférieur ou égal à ℓ par $P^{(\ell)}_{\mathbb{R},k}$. On notera $\mathcal{N}^{(\ell)}_{\mathbb{R},k}$ l'ensemble $\mathcal{N}^{(\ell)}_{k} \cap P^{(\ell)}_{\mathbb{R},k}$.

Supposons que Φ soit portable par un compact réel K, alors $\nu^{(\ell)}_k . K$ est réel pour tout ℓ, donc pour tout $y \in P^{(\ell)}_{\mathbb{R},k}$ on a : $\wedge_{F_\ell}\Phi(iy) = 0$.

Cette condition nécessaire n'est pas suffisante.

Soient $(x_1,\dots, x_k)$ k nombres complexes. Nous supposons que leurs fonctions symétriques de Newton

$$\sigma_1 = \sum x_1 , \quad \sigma_2 = \sum x_1^2 , \dots , \sigma_k = \sum x_1^k \qquad \text{sont réelles.}$$

Donc leurs fonctions symétriques élémentaires

$$\alpha_1 = \sum x_1 = \sigma_1 , \quad \alpha_2 = \sum x_1\, x_2 ,\dots, \alpha_k = x_1\, x_2 \dots x_k$$

sont aussi réelles. Les x_k sont les racines de l'équation

(59) $$X^k - \alpha_1\, X^{k-1} + \alpha_2\, X^{k-2} + \dots + (-1)^k\, \alpha_k = 0 .$$

Ils se répartissent donc en zéros réels, soit $x_1,\dots, x_h$ avec éventuellement répétition, et en zéros complexes deux à deux conjugués, soit

$$x_{h+1} , \quad x_{h+2} = \bar{x}_{h+1} ,\dots, x_{h+2p-1} , \quad x_{h+2p} = \bar{x}_{h+2p-1} = x_k$$

Avec ces notations on a la relation $h + 2p = k$.

Considérons, suivant Hermite [6], la forme quadratique des k variables $u_1,\dots, u_k$

(60) $$\left| \begin{aligned} Q(u_1,\dots, u_k) = {} & \sum_{j=1}^{h} (u_1 + x_j\, u_2 + x_j^2\, u_3 + \dots + x_j^{k-1}\, u_k)^2 \\ & + \sum_{t=1}^{p} \left[\begin{aligned} & (u_1 + x_{h+2t-1} . u_2 + x^2_{h+2t-1} . u_3 + \dots + x^{k-1}_{h+2t-1} . u_k)^2 \\ & + \\ & (u_1 + x_{h+2t} . u_2 + x^2_{h+2t} . u_3 + \dots + x^{k-1}_{h+2t} . u_k)^2 \end{aligned} \right] \end{aligned} \right.$$

De $(a+ib)^2 + (a-ib)^2 = a^2 - b^2$ on tire que cette forme quadratique <u>réelle</u> a $(h+p)$ carrés positifs et p carrés négatifs. Elle est donc définie positive si et seulement si $p = 0$, c'est à dire si et seulement si l'équation a toutes ses racines réelles.

Développant, on obtient l'expression :

$$(61)\qquad Q(u_1,\dots,u_k) = \sum_{\lambda,\mu=1}^{k} \Big(\sum_{j=1}^{k} x_j^{\lambda+\mu-2}\Big) u_\lambda \cdot u_\mu = \sum_{\lambda,\mu=1}^{k} \sigma^{\lambda+\mu-2} \cdot u_\lambda \cdot u_\mu$$

où les σ^α sont les fonctions symétriques de Newton, $\sigma^0 = k$.

Cette condition définit un ensemble convexe fermé dans l'espace des tenseurs de Newton d'ordre ℓ construits sur $\mathbb{C}$, si $\ell \geq 2n-2$, il en résulte la

<u>PROPOSITION 6.- Si</u> $\ell \geq 2n-2$ <u>et si</u> $P_{k,\ell}$ <u>désigne l'enveloppe convexe fermée de</u> $\nu_k^\ell \cdot E_{\mathbb{R}}^k$ <u>dans</u> $\rho_{\mathbb{R}}^{(\ell)}$ <u>, on a</u>

$$P_{k,\ell} \cap \mathscr{N}_k^{(\ell)} = \nu_k^\ell \cdot E_{\mathbb{R}}^k$$

<u>Démonstration</u>. Choisissons une base dans E . Nous noterons

$$z = (\zeta_1,\dots,\zeta_n) \qquad \text{et}$$

$$(z_1,\dots,z_k) = (\zeta_{1,1},\dots,\zeta_{n,1}\,,\ \zeta_{1,2},\dots,\zeta_{n,2}\,,\dots,\zeta_{1,k},\dots,\zeta_{n,k})$$

La base induit une base dans chaque $\rho_k^{(\ell)}$.

Parmi les coordonnées de $\nu_k^{(\ell)}(z_1,\dots,z_k)$ on a les nombres

$$(62)\qquad \sigma_j^h(z_1,\dots,z_k) = \sum_{p=1}^{k} \zeta_{j,p}^h$$

Notons par Q_j la forme quadratique

$$(63)\qquad u \longmapsto \sum_{\lambda,\mu=1}^{k} \sigma_j^{\lambda+\mu-2} \cdot u_\lambda \cdot u_\mu$$

et par $G_j^{(\ell)}$ le convexe fermé de $P_k^{(\ell)}$ défini par la condition que cette forme est à coefficients réels et positive.

Pour $\ell \geq 2n-2$ et tout $j = 1, 2, \ldots, k$ on a :

$$\nu_k^\ell \cdot \mathbb{R}^k \subset G_j^{(\ell)} \quad , \text{ donc}$$

$$\bigcap_{j=1}^{n} G_j^{(\ell)} \supset \nu_k^\ell \cdot \mathbb{R}^k \quad \text{d'où} \quad P_{k,\ell} \subset \bigcap_{j=1}^{n} G_j^{(\ell)}$$

Si $\nu_k^\ell(z_1, \ldots, z_k) \in P_{k,\ell} \cap \mathcal{N}_k^{(\ell)}$, les $\sigma_j^h(z_1, \ldots, z_k)$ sont réels, et par ce qu'on a vu, chaque $(\zeta_{j,1}, \ldots, \zeta_{j,k})$ est un ensemble de nombres réels. On a donc

$$(z_1, \ldots, z_k) \in E_{\mathbb{R}}^k$$

C.Q.F.D.

Si X est une partie de E , nous notons par h_X^ℓ la fonction de $E^{(\ell)}$ à valeurs dans la droite achevée définie comme suit :

(64) $$h_X^\ell(f) = \sup_{x \in X} \operatorname{Re} f(x)$$

Pour alléger nous noterons $h_{\mathbb{R}}^\ell$ à la place de $h_{E_{\mathbb{R}}}^\ell$

Évaluons $$\sup_{(x_1, \ldots, x_k) \in X^k} \operatorname{Re} \ll \nu_k^\ell(x_1, \ldots, x_k) , f \gg$$

Cette expression s'écrit encore

$$\sup_{(x_1, \ldots, x_k) \in X^k} \operatorname{Re} (f(x_1) + \ldots + f(x_k)) = k\, h_X^\ell(f) \quad .$$

Soit :

(65) $$\sup_{(x_1, \ldots, x_k) \in X^k} \operatorname{Re} \ll \nu_k^\ell(x_1, \ldots, x_k) , f \gg = k\, h_X^\ell(f)$$

Il vient le

THÉORÈME 3.- Soit Φ une fonctionnelle, polynôme homogène de degré n, définie sur E. Soit $F_\ell \Phi$ sa transformée de Fourier-Borel d'ordre ℓ.

cas $n = 1$ Φ admet un support réel si et seulement si

$$\Lambda_{F_\ell \Phi} \leq h_{\mathbb{R}}^{\ell} \quad ; \quad \ell \geq 1 .$$

cas $n > 1$ Φ admet un support réel si et seulement si

$$\Lambda_{F_\ell \Phi} \leq n.h_{\mathbb{R}}^{\ell} \quad ; \quad \ell \geq 2n - 2$$

Démonstration. Le cas $n = 1$ a été démontré dans notre article ([7] Corol. 2 de la Prop. 1.9 Chap. II). Supposons $n > 1$. Si p est un polynôme à coefficients réels on a $h_{\mathbb{R}}^{\ell}(ip) = 0$ donc, puisque $\ell \geq 1$ il résulte du cas $n = 1$, $F_\ell \Phi$ étant la transformée de Fourier-Borel ordinaire de $\nu_n^\ell . (T_\Phi)$, que $\nu_n^\ell(T_\Phi)$ est une fonctionnelle qui admet un support réel. De l'unicité du support réel ([7] Th. 4.1 Corol. 1 Chap. I) et des théorèmes du type Théorème 4.2 Chap. II de [7] résulte ceci: Si Γ est un convexe fermé d'un espace $\mathbb{R}^p$, T une fonctionnelle analytique définie sur $\mathbb{C}^p$, telle que $\Lambda_{FT} \leq h_\Gamma$ alors T a un support réel inclus dans Γ.

Dans notre cas, il en résulte que le support réel X de $\nu_n^\ell . T_\Phi$ est inclus dans $P_{n,\ell}$. Mais cette fonctionnelle linéaire est strictement portable par $\mathcal{N}_{\mathbb{R},n}^{(\ell)}$. Donc par [7], il résulte que $\nu_n^\ell . T_\Phi$ a son support réel inclus dans $P_{n,\ell} \cap \mathcal{N}_{\mathbb{R},n}^{(\ell)} = \nu_n^\ell . E_{\mathbb{R}}^n$. En outre, cette fonctionnelle est strictement portable par X dans $\mathcal{N}_n^{(\ell)}$. Donc par la proposition 5, T_Φ est portable par $(\nu_n^\ell)^{-1}(X)$ si $\ell \geq n$. Ceci est réalisé avec $\ell \geq 2n - 2$ car $2n - 2 \geq n$ si $n \geq 2$.

C.Q.F.D.

<u>THÉORÈME</u> 4.- <u>Soit</u> Φ <u>une fonctionnelle polynôme homogène de degré</u> n , <u>définie sur</u> $E = E_{\mathbb{R}} + iE_{\mathbb{R}}$. <u>Soit</u> $F_{\ell}\Phi$ <u>sa transformée de Fourier-Borel d'ordre</u> ℓ . <u>Soit</u> Γ <u>un convexe compact de</u> $E_{\mathbb{R}}$. <u>La fonctionnelle est portable par</u> Γ <u>si et seulement si</u> $\wedge_{F_{\ell}\Phi} \leq n\, h_{\Gamma}^{\ell}$ <u>pour un</u> $\ell \geq 2n-1$

<u>Démonstration</u>. Soient $(x_1,\ldots, x_k)$ k nombres réels (avec éventuellement répétition). Considérons l'expression, [6] ,

$$\sum_{j=1}^{k} x_j(u_1 + x_j u_2 + \ldots + x_j^{k-1} u_k) = Q'(u_1,\ldots, u_k) \tag{66}$$

C'est une forme quadratique qui s'écrit :

$$Q'(u_1,\ldots, u_k) = \sum_{\lambda,\mu \geq 1} \sigma^{\lambda+\mu-1} \, . \, u_\lambda u_\mu \quad . \tag{67}$$

Elle est positive si et seulement si les x_j sont tous non négatifs. La condition que les x_j soient tous non négatifs définit donc un convexe dans l'espace $P_{(k)}^{(2n-1)} \simeq \mathbb{C}^{2n-1}$ des tenseurs de Newton d'ordre $\leq (2n-1)$, construits sur $\mathbb{C}$.

Soit γ ce convexe. Remplaçons x_j par $-x_j$, alors σ^j est remplacé par $(-1)^j \sigma^j$ donc la condition $x_j \leq 0$, $j = 1,\ldots, k$ devient

$$(-\sigma^1,\ldots, (-1)^j \sigma^j,\ldots, (-1)^{2n-1} \sigma^{2n-1} \in \gamma$$

Effectuons une translation sur les racines :

$$x_j \longmapsto x_j + a = y_j \qquad j = 1, 2,\ldots, k \tag{68}$$

$$y_j^{\ell} = \sum_{h \leq p} \binom{p}{h} a^{p-h} \, . \, x_j^h \quad . \tag{69}$$

Notons les fonctions symétriques $\sigma^p(y)$, $\sigma^p(x)$. Donc

$$\sigma^p(y) = \sum_{h \leq p} \sigma^h(x) \, . \binom{p}{h} \, . \, a^{p-h}$$

La transformation $(\sigma^1(x),\ldots,\sigma^{2n-1}(x)) \longmapsto (\sigma^1(y),\ldots,\sigma^{2n-1}(y))$ est une transformation <u>affine</u>. L'image de γ par cette transformation sera en conséquence un convexe que nous noterons γ_a. La condition

$$y_1 \geq a\ ,\ldots,\ y_k \geq a \quad \text{équivaut à} \quad (\sigma^1(y),\ldots,\sigma^{2n-1}(y)) \in \gamma_a \ .$$

En lemme du théorème 4 nous avons la

<u>PROPOSITION 6.- Supposons</u> $\ell \geq 2n-1$, <u>et soit</u> $P_{k,\ell}(\Gamma)$ <u>l'enveloppe convexe fermée de</u> $\nu_k^\ell . \Gamma^k$ <u>dans</u> $P_k^{(\ell)}$ <u>où</u> Γ <u>désigne un convexe fermé de</u> $E_{\mathbb{R}}$.

<u>On a</u> : $P_{k,\ell}(\Gamma) \cap \mathcal{N}_k^{(\ell)} = \nu_k^\ell . \Gamma^k$

<u>Démonstration</u>. Le convexe Γ est l'intersection des demi-espaces fermés qui le contiennent.

Soit π un tel demi-espace. On peut choisir des coordonnées en sorte que si on note $x \in E_{\mathbb{R}}$ par $x = (x_1,\ldots,x_n)$, π soit le demi-espace $x_1 \geq a_1$.

Parmi les coordonnées de $\sigma^\alpha(z_1,\ldots,z_k)$ nous avons, si $z_h = (z_{1,h},\ldots,z_{n,h})$ les nombres

(70) $$\sigma^\alpha(z_{1,1},\ldots,z_{1,k}) = \sum_{h=1}^{k} (z_{1,h})^\alpha = \sigma_1^\alpha(z_1,\ldots,z_k)$$

Nous notons par γ_π le convexe de $P_k^{(\ell)}$ défini par :

(71) $$(\sigma_1^1(z_1,\ldots,z_k),\ldots,\sigma_1^{2n-1}(z_1,\ldots,z_k)) \in \gamma_{a_1}$$

Si $\nu_k^\ell(z_1,\ldots,z_k) \in \bigcap_{\pi \supset \Gamma} \gamma_\pi$, de ce qui précède on tire $(z_1,\ldots,z_k) \in \pi^k$.

Or on a $P_{k,\ell}(\Gamma) \subset \gamma_\pi$ pour tout π, $\pi \supset \Gamma$. Donc $P_{k,\ell}(\Gamma) \subset \bigcap_{\pi \supset \Gamma} \gamma_\pi$, d'où l'égalité annoncée. C.Q.F.D.

Maintenant, raisonnons comme dans le théorème 3. L'indicateur de l'enveloppe convexe de $\nu_k^\ell . \Gamma^k$ est la fonction définie sur $E^{(\ell)}$ égale à $k.h_\Gamma^k$

La transformée de Fourier de la fonctionnelle linéaire $\nu_k^\ell \cdot T_\Phi$ est la fonction $F_\ell \Phi$. Du théorème de Polyā-Ehrenpreis-Martineau résulte que $\nu_k^\ell \cdot T_\Phi$ admet comme porteur (réel) convexe l'enveloppe convexe de $\gamma_k^\ell \cdot \Gamma^k$, donc comme porteur réel, la trace de ce convexe sur $\mathcal{N}_k^{(\ell)}$, donc $\nu_k^\ell \cdot \Gamma^k$ comme porteur. En outre, elle est strictement portable par $\mathcal{N}_k^{(\ell)}$, donc T_Φ a pour porteur Γ^k, et Φ pour porteur Γ.

Le théorème 4 est démontré. Remarquons que l'on pourrait mettre convexe fermé à la place de compact.

<u>THÉORÈME 5</u>.- Φ <u>étant toujours une fonctionnelle polynôme homogène de degré</u> n, <u>définie sur</u> $E = E_{\mathbb{R}} + iE_{\mathbb{R}}$ <u>elle est portable par un compact</u> K <u>de</u> $E_{\mathbb{R}}$ <u>si et seulement si</u> $\Lambda_{F_\ell \Phi} \leq n h_K^\ell$ <u>pour un</u> $\ell \geq (4n - 2)$.

<u>Démonstration</u>. Une base étant choisie dans $E_{\mathbb{R}}$ $(x = x_1, \ldots, x_n)$ on plonge E dans $E + \mathbb{C}$ par l'application

$$j : (z_1, \ldots, z_n) \longmapsto (z_1, \ldots, z_n \,,\; t = \sum_{j=1}^{n} z_j^2)$$

Soit K un compact de $E_{\mathbb{R}}$, $j(K)$ son image et $\gamma j(K)$ l'enveloppe convexe de cette image. On vérifie aisément la propriété

(72)
$$\gamma j(K) \cap j(E_{\mathbb{R}}) = j(K) \quad .$$

Soit Φ une fonctionnelle définie sur E et $j\,\Phi$ son image par j qui est une fonctionnelle définie sur $E + \mathbb{C}$.

Soit $P(z, t)$ un polynôme sur $(E + \mathbb{C})$ de degré au plus ℓ $(z, t) \in (E + \mathbb{C})$. L'application $P \longmapsto P \circ j$ envoie les polynômes de degré au plus ℓ, dans les polynômes définis sur E de degré au plus 2ℓ.

D'autre part :

(73)
$$h_K^\ell(P) = \sup_{(z,\, t) \in j(K)} \operatorname{Re} P(z, t) = \sup_{z \in K} (\operatorname{Re} (P \circ j)(z))$$

Donc $\wedge_{F_{2\ell}}\Phi \leq n\, h_K^{2\ell}$ entraîne $\wedge_{F_\ell}(j\,\Phi) \leq n\, h_K^{\ell}$

Si $\ell \geq 2n - 1$ nous pouvons appliquer le théorème 4 . Ceci prouve que $j\,\Phi$ est portable par $\gamma j(K)$, donc, comme $j\,\Phi$ est strictement portable par $j(E)$ elle est strictement portable par $\gamma j(K) \cap j(E) = j(K)$ [7] Chapitre I , donc Φ est portable par K .

C.Q.F.D.

Le théorème 5 pour $n = 1$ a, par exemple, pour conséquence la propriété suivante bien connue ([7] page 157 par exemple)

COROLLAIRE.- Soit T une fonctionnelle analytique définie par une distribution U de $\mathbb{R}^n$, et à support compact. Le support réel de T est égal au support de U .

Démonstration. La fonctionnelle T est la restriction de U aux fonctions analytiques réelles.

Commençons par introduire la transformée de Fourier non linéaire de U . Si p est un polynôme sur $\mathbb{R}^n$ on définit

(74) $$FU(p) = U(x \longmapsto e^{ip(x)}) = T(z \longmapsto e^{ip(z)}) = FT(ip)$$

Considérons l'application ν_1^2 de $\mathbb{C}^n$ dans $P_1^{(2)}$. Sa restriction à $\mathbb{R}^n$ est une injection de $\mathbb{R}^n$ dans $P_{\mathbb{R},1}^{(2)}$. L'image de U est une distribution $\nu_1^2(U)$ à support compact et le support de $\nu_1^2(U)$ est l'image de ce support. De même, le support réel de $\nu_1^2(T)$ est l'image du support réel K de T . La fonction F_2U est la transformée de Fourier ordinaire de $\nu_1^2(U)$. Le théorème de Plancherel-Polyā dans la forme que nous lui avons donnée ([7] Th. 4.3 chap. II) dit que l'enveloppe convexe du support de $\nu_1^2(U)$ et égale à l'enveloppe convexe du support réel de $\nu_1^2(T)$ et ces supports sont caractérisés par le fait que

(75) $$\wedge_{F_2U}(p) = \wedge_{F_2T}(ip) \leq h_K^2(ip)$$

Ceci prouve que $\nu_1^2(U)$ a pour support $\nu_1^2 K$, donc que U a pour support K. En passant, nous avons montré une version non linéaire du théorème de Plancherel et Polyā pour les distributions. Ce théorème s'étend au cas des distributions non linéaires, moyennant des définitions convenables.

5.- Recollons les morceaux

Soit ϕ une fonctionnelle polynomiale de degré $\leq n$

(76) $$\phi = \phi_0 + \phi_1 + \dots + \phi_n \quad .$$

Posons

(77) $$\mathcal{E}^{(n)} = \mathbb{C} + E^{(n)}$$

$\mathcal{E}^{(n)}$ est l'espace des polynômes de degré inférieur ou égal à n.

Si $(\lambda, f) \in \mathcal{E}^{(n)}$ on pose

(78) $$\mathcal{F}_n\phi(\lambda, f) = \phi\,(e^{\lambda + f}) \qquad (2)$$

On a

(79) $$\phi_k(e^{\lambda + f}) = \phi_k(e^{\lambda}.\, e^{f}) = e^{k\lambda}.\, \phi_k(e^{f}) = e^{k\lambda}.\, F_n\phi_k$$

Donc

(80) $$\mathcal{F}_n\phi\,(\lambda\,;\,f) = \sum_{h=0}^{n} e^{h\lambda} F_n\phi_h$$

Il vient donc le

THÉORÈME 6.- L'application $\phi \longmapsto \mathcal{F}_m\phi$ de l'espace des fonctionnelles polynômes de degré $\leq n$ dans l'espace des fonctions entières de type exponentiel sur $\mathcal{E}^{(m)}$ polynômes en e^{λ} de degré $\leq m$, est injective si $n \leq m$.

Supposons que ϕ soit portable par un compact K. Pour tout compact K' contenant K dans son intérieur $(K' \supset\supset K)$ on a

(81) $$|\mathcal{F}_\ell\phi_k(\lambda, f)| \leq A_k(K')\, e^{k \,\mathrm{Re}\, \lambda}.\, e^{k h^{\ell}_{K'}(f)}$$

Note (2) : $\mathcal{F}_n\phi$ est donc la restriction de $F\,\phi$ à $\mathcal{E}^{(n)}$ et $F_n\phi$ celle de $F\,\phi$ à $E^{(n)}$.

donc :

(82) $$| \mathcal{F}_\ell \Phi\ (\lambda,\ f)| \leq \sum_{\nu = 0}^{n} A_\nu(K')\ e^{\nu\ \mathrm{Re}\ \lambda} .\ e^{\nu h^\ell_{K'}(f)}$$

Notons que

(83) $$\mathcal{F}_\ell \Phi\ (\log \lambda,\ f) = \sum_{\nu = 0}^{n} \lambda^\nu .\ F_\ell \Phi_\nu(f) \qquad \text{si} \qquad |\lambda| \neq 0 \quad .$$

C'est à dire que la fonction $\lambda \longmapsto \mathcal{F}_\ell \Phi\ (\log \lambda,\ f)$ est un polynôme de degré $\leq n$ en λ .

Supposons que $\mathcal{F}_\ell \Phi$ satisfasse à une majoration du type (77) . Alors on a la majoration

(84) $$| \sum_{\nu = 1}^{n} \lambda^\nu .\ F_\ell \Phi_\nu(f)| \leq \sum_{\nu = 1}^{n} A_\nu(K') \left(|\lambda|\ e^{h^\ell_{K'}(f)}\right)^\nu$$

Or on a le

<u>LEMME</u>.- <u>Soit</u> $P(\zeta) = \sum_{j = 1}^{n} a_j \zeta^j$ <u>un polynôme d'une variable complexe</u> ζ .

<u>On suppose</u> $|P(\zeta)| \leq M(1 + a\ |\zeta|)^n$ <u>où</u> $a > 0$. <u>Alors on a</u> :

$$|a_j| \leq 2^n .\ M .\ a^j \quad .$$

<u>Démonstration</u>. En effet on a

$$a_j = \frac{1}{2i\pi} \int_{|\zeta| = \rho} \frac{P(\zeta)}{\zeta^{j+1}}\ d\ \zeta$$

d'où $|a_j| \leq \dfrac{M(1 + a\rho)^n}{\rho^j}$. Il suffit de prendre $\rho = \dfrac{1}{a}$

C.Q.F.D.

Appliquant le lemme à l'inégalité (84) il vient :

(85) $$|F_\ell \Phi_\nu(f)| \leq A'_\nu(K')\, e^{\nu h^\ell_{K'}(f)}$$

où $$A'_\nu(K') \leq \left[\sup_{h = 1, 2, \dots, n} A_h(K') \right] . 2^n . \frac{\nu!(n-\nu)!}{n!}$$

Donc par le théorème 4 si $\ell \geq 2n - 1$, par le théorème 5 si $\ell \geq 4n - 2$ nous avons prouvé le théorème.

THÉORÈME 7.- Soit Φ une fonctionnelle polynôme définie sur $E_{\mathbb{R}} + iE_{\mathbb{R}} = E$, de degré $\leq n$, et soit $\mathcal{F}_\ell \Phi$ sa transformée de Fourier-Borel définie sur $\mathcal{E}^{(\ell)}$.

Une condition nécessaire pour que Φ soit portable par un compact K est que pour tout compact K' de E contenant strictement K on ait une inégalité

(a) $$|\mathcal{F}_\ell \Phi(\lambda, f)| \leq \sum_{\nu=1}^{n} A_\nu(K')\, e^{\nu(\mathrm{Re}\,\lambda + h^\ell_{K'}(f))}$$

pour tout $\ell \in \mathbb{N}$.

Réciproquement, si K est un convexe réel, (a) vraie pour un $\ell \geq (2n - 1)$ est suffisante.

si K est un compact réel, (a) vraie pour un $\ell \geq 4n - 2$ est suffisante.

6.- Un isomorphisme

Soit $\mathcal{O}'^{(k)}(E)$ l'espace des fonctionnelles polynômes homogènes de degré k sur E . On suppose E de dimension complexe n . Soient $\ell_1, \dots, \ell_n$ n formes linéaires sur E , linéairement indépendantes. On désigne par polynômes diagonaux de degré $\leq M$ l'ensemble des polynômes de la forme

(86) $$z \longmapsto \sum_{j=1}^{n} (\alpha_{1,j}\ \ell_j(z) + \dots + \alpha_{M,j}\ \ell^M_j(z))$$

C'est un sous-espace vectoriel de $E^{(M)}$ qu'on notera $\Delta^{(M)}$.

Il vient le

THÉORÈME 8.- $\mathcal{O}'^{(k)}(E)$ est isomorphe par l'application $\Phi \longmapsto F\Phi /_{\Delta^{(k)}}$ à l'espace $\mathrm{Exp}\,(\Delta^{(k)})$ des fonctions entières de type exponentiel sur $\Delta^{(k)}$.

Démonstration. L'espace $\Delta^{(k)}$ est isomorphe à $\mathbb{C}^{n.k}$ de façon naturelle par

$$\sum_{p=1}^{k} \sum_{j=1}^{n} \alpha_{p,j}\, \ell_j^p \longmapsto (\ldots, \alpha_{p,j}, \ldots)$$

On a l'application $\delta^{(k)}$ de E^k dans $\mathbb{C}^{n.k}$ définie par

(87) $$(z_1, \ldots, z_k) \longmapsto \left(\ldots, \left(\sum_{\lambda=1}^{k} \ell_j^p(z_\lambda)\right) = \beta_{p,j}, \ldots\right)$$

Il résulte aisément des raisonnements employés dans les propositions 3 et 4 que cette application est propre et surjective.
On vérifie alors que toute fonction holomorphe symétrique f sur E^k est de la forme $g \circ \delta^{(k)}$ où g est holomorphe sur $\mathbb{C}^{n.k}$, et que g est uniquement déterminée par f . Il en résulte que $\delta^{(k)}$ transforme l'espace des fonctionnelles analytiques symétriques sur E^k en l'espace des fonctionnelles analytiques sur $\mathbb{C}^{n.k}$. D'où le résultat.

L'inconvénient est que ceci n'est pas intrinsèque.

BIBLIOGRAPHIE

[1] BERGE (C.). - Espaces topologiques : Fonctions multivoques. C.U.M. Vol. III, Dunod, Paris, 1959, xi + 272 pp.

[2] BJÖRK (J.-E.). - Every compact set in C^n is a good compact set. Ann. Inst. Fourier (Grenoble) 20 Fasc. 1 (1970), 6 pp.

[3] BOURBAKI (N.). - Espaces vectoriels topologiques. Livre V Chap. III-V Hermann & Cie, Paris, 1955, ii + 191 pp.

[4] CARTAN (H.). - Séminaire Tome 4, 1951/52 : Fonctions analytiques de plusieurs variables complexes. Paris, E.N.S. Benjamin, New York.

[5] GROTHENDIECK (A.). - Produits tensoriels topologiques et espaces nucléaires. Memoirs of the Amer. Math. Soc. n° 16, 140 pp. (1955).

[6] HERMITE (C.). - Sur le nombre des racines d'une équation algébrique comprises entre des limites données. Journal de Crelle Tome 52 pp. 39-51. Oeuvres complètes Tome 1 pp. 397-414.

[7] MARTINEAU (A.). - Sur les fonctionnelles analytiques et la transformation de Fourier-Borel. J. Anal. Math. de Jerusalem 11 (1963), pp. 1-164.

[8] MARTINEAU (A.). - Sur la topologie des espaces de fonctions holomorphes Math. Annalen 163 (1966), 62-88.

[9] MARTINEAU (A.). - Les supports des fonctionnelles analytiques. in Séminaire P. Lelong (1969) pp. 175-195. Lecture Notes in Math. n° 116. Springer-Verlag.

Séminaire P.LELONG
(Analyse)
10e année, 1969/70

17 Mars 1970

UTILISATION DES HYPERFONCTIONS DANS LES THÉORÈMES DE DUALITÉ DE LA GÉOMÉTRIE ANALYTIQUE

par P. SCHAPIRA

Introduction

Soit W une variété analytique complexe de dimension n, $\mathcal{F}$ un faisceau cohérent de $\mathcal{O}$-modules sur W, K un compact de W . Nous allons démontrer qu'il existe une dualité entre les espaces $H^p(K, \mathcal{F})$ et $\text{Ext}^{n-p}_{K,\mathcal{O}}(W, \mathcal{F}, \mathcal{O}^{(n)})$, ces espaces étant munis de topologies "naturelles" en général non séparées.

Ce théorème n'est pas nouveau [cf. (13, 8, 14, 10)] et se généralise d'ailleurs au cas où W est un espace analytique, mais nous voulons montrer que l'utilisation des hyperfonctions (11, 9) permet d'en donner une démonstration très simple, d'une part parce que les résolutions obtenues sont flasques, d'autre part parce que le théorème de division des hyperfonctions se déduit très facilement des théorèmes de Oka et H.Cartan

Ce théorème de dualité permet d'étendre le théorème de Sato (11) au cadre des faisceaux cohérents.

1. - Préliminaires

Nous renvoyons à (1) pour ce qui concerne la théorie des faisceaux et à (3) pour la définition et les propriétés des espaces $\mathcal{F}.\mathcal{S}.$ (Fréchet-Schwartz) et $\mathcal{D}.\mathcal{F}.\mathcal{S}.$ (dual de Fréchet-Schwartz).

Soit V une variété analytique réelle, dénombrable à l'infini. On désigne par $\mathcal{Ol}$ le faisceau des germes de fonctions analytiques (à valeurs complexes) et par B le faisceau des germes d'hyperfonctions (11, 9, 12).

Rappelons les faits suivants :

1) Soit W un complexifié de V. Alors V admet dans W un système fon-

damental de voisinages d'holomorphie (2) .

2) Pour tout compact K de V l'espace $\mathcal{O}(K) = \Gamma(K, \mathcal{O})$ admet une topologie naturelle du type $\mathcal{D.F.S.}$ (9) .

3) Le faisceau B est flasque et pour tout compact K de V

$$\Gamma_K(V, B) = \mathcal{O}'(K) \qquad (9)$$

Soit $\mathcal{F}$ un faisceau cohérent de $\mathcal{O}$ -modules.

4) Il existe $\tilde{V}$ voisinage de V dans W, $\tilde{\mathcal{F}}$ faisceau cohérent sur $\tilde{V}$ de Θ-modules (Θ : faisceau des germes de fonctions holomorphes sur W) tel que

$$\mathcal{F} = \tilde{\mathcal{F}} \mid V \ .$$

5) Pour tout compact K de V il existe des entiers p et q et une suite exacte de faisceaux aux voisinages de K de la forme

$$\mathcal{O}^q \longrightarrow \mathcal{O}^p \longrightarrow \mathcal{F} \longrightarrow 0 \qquad (4)$$

6) Soit u : $\mathcal{F} \longrightarrow \mathcal{G}$ un morphisme de faisceaux cohérents de $\mathcal{O}$-modules. Alors Ker u et Coker u sont cohérents (4).

7) Soit $\mathcal{F} \longrightarrow \mathcal{G} \longrightarrow \mathcal{H}$ une suite exacte de faisceaux cohérents de $\mathcal{O}$ -modules.

Pour tout compact K de V la suite

$$\mathcal{F}(K) \longrightarrow \mathcal{G}(K) \longrightarrow \mathcal{H}(K)$$

est exacte

$$(\mathcal{F}(K) = \Gamma(K, \mathcal{F})) \qquad (4)$$

8) Tout sous-$\mathcal{O}(K)$-module de type fini de $\mathcal{O}(K)^p$ est fermé dans $\mathcal{O}(K)^p$ muni de sa topologie $\mathcal{D.F.S.}$ (4) .

2. - Division des hyperfonctions

Soit (f) une matrice de type (q, p) (q lignes, p colonnes) à coefficients dans $\mathcal{O}(V)$.

On désignera encore par (f) les morphismes $\mathcal{O}^p \longrightarrow \mathcal{O}^q$ et $B^p \longrightarrow B^q$ définis par cette matrice. On désignera par ${}^t(f)$ la matrice transposée.

THÉORÈME 1.

<u>Soit</u> (f) <u>et</u> (g) <u>des matrices analytiques sur</u> V <u>telles que la suite de faisceaux sur</u> V :

$$\mathcal{O}^r \xrightarrow[{}^t(g)]{} \mathcal{O}^q \xrightarrow[{}^t(f)]{} \mathcal{O}^p$$

<u>soit exacte</u>.

<u>Alors la suite</u>

$$B^p \xrightarrow[(f)]{} B^q \xrightarrow[(g)]{} B^r$$

<u>est exacte.</u>

<u>Démonstration</u>

Il suffit de voir que pour tout ouvert $\Omega \subset\subset V$ la suite :

$$B^p(\Omega) \xrightarrow[(f)]{} B^q(\Omega) \xrightarrow[(g)]{} B^r(\Omega)$$

est exacte.

Le faisceau noyau du morphisme

$${}^t(g) : \mathcal{O}^r \longrightarrow \mathcal{O}^q$$

est cohérent. Donc au voisinage de $\bar{\Omega}$ il existe un entier positif s, une matrice analytique (h) définie au voisinage de $\bar{\Omega}$ tels que la suite

$$\mathcal{O}^s \xrightarrow[{}^t(h)]{} \mathcal{O}^r \xrightarrow[{}^t(g)]{} \mathcal{O}^q \xrightarrow[{}^t(f)]{} \mathcal{O}^p$$

soit exacte.

Les suites

$$\mathcal{O}^r(\bar{\Omega}) \xrightarrow[{}^t(g)]{} \mathcal{O}^q(\bar{\Omega}) \xrightarrow[{}^t(f)]{} \mathcal{O}^p(\bar{\Omega})$$

$$\mathcal{O}^s(\partial\Omega) \xrightarrow[{}^t(h)]{} \mathcal{O}^r(\partial\Omega) \xrightarrow[{}^t(g)]{} \mathcal{O}^q(\partial\Omega)$$

sont donc des suites exactes d'espaces du type $\mathcal{D}.\mathcal{F}.\mathcal{S}.$ et les applications sont d'images fermées.

Par transposition on en conclut (13) que les suites :

$$\mathcal{O}^p(\bar{\Omega})' \xrightarrow[(f)]{} \mathcal{O}^q(\bar{\Omega})' \xrightarrow[(g)]{} \mathcal{O}^r(\bar{\Omega})'$$

$$\mathfrak{A}^q(\partial\Omega)' \xrightarrow{(g)} \mathfrak{A}^r(\partial\Omega)' \xrightarrow{(h)} \mathfrak{A}^s(\partial\Omega)'$$

sont exactes.

Soit alors $T \in B^q(\Omega)$ telle que $(g)\, T = 0$.

Soit $\bar{T} \in \mathfrak{A}^q(\bar{\Omega})'$ un prolongement de T

$$(g)\, \bar{T} \in \mathfrak{A}^r(\partial\Omega)'$$

et

$$(h)(g)\, \bar{T} = 0$$

donc il existe $S \in \mathfrak{A}^q(\partial\Omega)'$ avec

$$(g)S = (g)\bar{T} \; .$$

Par suite il existe $U \in \mathfrak{A}^p(\bar{\Omega})'$ avec

$$(f)U = \bar{T} - S$$

et

$$(f)U \big|_{\Omega} = T \; .$$

<u>THÉORÈME 2.</u>

<u>Soit</u> (f) <u>une matrice</u> (q, p) <u>à coefficients dans</u> $\mathfrak{A}(V)$.
<u>Soit</u> $B_{(f)}$ <u>le faisceau noyau du morphisme</u>

$$(f) : B^p \longrightarrow B^q \; .$$

<u>Le faisceau</u> $B_{(f)}$ <u>est flasque</u>.

<u>Démonstration</u>

Pour tout ouvert $\Omega \subset\subset V$ il existe une matrice (g) du type (r, q) définie au voisinage de $\bar{\Omega}$ telle que la suite

$$\mathfrak{A}^r \xrightarrow[{}^t(g)]{} \mathfrak{A}^q \xrightarrow[{}^t(f)]{} \mathfrak{A}^p$$

soit exacte.

Il résulte alors de la démonstration du théorème 1 que pour

tout fermé Z de Ω la suite

$$B_Z^p(\Omega) \xrightarrow[(f)]{} B_Z^q(\Omega) \xrightarrow[(g)]{} B_Z^r(\Omega)$$

est exacte ($B_Z(\Omega) = \Gamma_Z(\Omega, B)$).

Soit ω un ouvert de Ω, $T \in \Gamma(\omega, B_{(f)})$.

On a la suite exacte

$$B^p_{\Omega-\omega}(\Omega) \xrightarrow[(f)]{} B^q_{\Omega-\omega}(\Omega) \xrightarrow[(g)]{} B^r_{\Omega-\omega}(\Omega)$$

Soit $\overline{T} \in B(\Omega)^p$ un prolongement de T.

$$(f)\overline{T} \in B^q_{\Omega-\omega}(\Omega)$$
$$(g)(f)\overline{T} = 0 .$$

Donc il existe $U \in B^p_{\Omega-\omega}(\Omega)$ avec

$$(f)U = (f)\overline{T}$$

$$\overline{T} - U \in \Gamma(\Omega, B_{(f)})$$

$\overline{T} - U$ sera un prolongement de T.

Le faisceau $B_{(f)}$ étant localement flasque est flasque (1).

<u>COROLLAIRE 1</u>. (théorème de division (5)).

<u>Soit</u> (f) <u>une matrice</u> (q, p) <u>à coefficients dans</u> $\mathcal{O}\mathcal{L}(V)$. <u>Soit</u> Z <u>un fermé de</u> V <u>et</u> $T \in B_Z^q(V)$.

<u>Une condition nécessaire et suffisante pour qu'il existe</u> $S \in B_Z^p(V)$ <u>vérifiant</u>

$$(f)S = T$$

<u>est que pour tout</u> $x \in V$, <u>pour toute matrice</u> (g) <u>de type</u> (1, q) <u>à coefficients analytiques au voisinage de</u> x <u>vérifiant</u>

$$(g)(f) = 0$$

<u>on ait</u>

$$(g)T = 0 .$$

<u>Démonstration</u>

Soit Im(f) le préfaisceau image de B^p par le morphisme (f). Comme le faisceau Ker(f) est flasque le préfaisceau Im(f) est un faisceau.

L'hypothèse sur T entraîne d'après le théorème 1 que T appartient localement à l'image de (f) donc à $\Gamma_Z(V, \mathrm{Im}(f))$.

De la suite exacte

$$0 \longrightarrow \mathrm{Ker}(f) \longrightarrow B^p \xrightarrow[(f)]{} \mathrm{Im}(f) \longrightarrow 0$$

résulte la suite exacte

$$0 \longrightarrow \Gamma_Z(V, \mathrm{Ker}(f)) \longrightarrow B^p_Z(V) \xrightarrow[(f)]{} \Gamma_Z(V, \mathrm{Im}(f)) \longrightarrow 0$$

donc $T = (f)S,\ S \in B^p_Z(V)$.

<u>COROLLAIRE 2</u>

$\forall x \in V$, B_x <u>est un $\mathfrak{O}_x$-module injectif</u>.

<u>Démonstration.</u> (cf. 7).

Soit I_x un idéal de $\mathfrak{O}_x$. Il faut vérifier que l'application :

$$\mathrm{Hom}_{\mathfrak{O}_x}(\mathfrak{O}_x, B_x) = B_x \longrightarrow \mathrm{Hom}_{\mathfrak{O}_x}(I_x, B_x)$$

est surjective.

Soit $(f_i)_{i=1}^p$ un système de générateurs de I_x, $(T_i)_{i=1}^p \in B^p_x$ tels que :

$$g_i \in \mathfrak{O}_x \ (i = 1, \dots, p) , \ \sum_{i=1}^p g_i f_i = 0 \Rightarrow \sum_{i=1}^p g_i T_i = 0.$$

La correspondance

$$u : f_i \longrightarrow T_i$$

définit un élément de $\mathrm{Hom}_{\mathcal{O}_x}(I_x, B)$ et inversement .

Il suffit alors de montrer qu'il existe $S \in B_x$ tel que $f_i\, S = T_i (i=1 \dots p)$, ce qui résulte de ce que $\mathcal{O}$ est cohérent et du théorème 1.

3. - Le foncteur $\mathrm{Hom}_{\mathcal{O}}(\cdot , B)$

Soit $\mathcal{F}$ un faisceau cohérent de $\mathcal{O}$-modules.

On a vu que pour tout compact K de V il existait une suite exacte de faisceaux au voisinage de K de la forme

$$\mathcal{O}^p \longrightarrow \mathcal{O}^q \longrightarrow \mathcal{F} \longrightarrow 0$$

et que la suite

$$\mathcal{O}^p(K) \longrightarrow \mathcal{O}^q(K) \longrightarrow \mathcal{F}(K) \longrightarrow 0$$

était exacte.

Comme l'espace $\mathcal{O}^p(K)$ a une image fermée dans $\mathcal{O}^q(K)$ l'espace quotient $\dfrac{\mathcal{O}^q(K)}{\mathrm{Im}\, \mathcal{O}^p(K)}$ est séparé et donc du type $\mathcal{D}.\mathcal{F}.\mathcal{S}.$. On munira $\mathcal{F}$ de cette topologie, qui d'après le théorème du graphe fermé ne dépendra pas de la résolution choisie.

Soit FA (V) la catégorie donc les objets sont les faisceaux de $\mathcal{O}$-modules et les morphismes les morphismes de faisceaux de $\mathcal{O}$-modules.

Soit F A C (V) la sous-catégorie pleine de F A (V) dont les objets sont les faisceaux cohérents de $\mathcal{O}$-modules.

Le foncteur $\underline{\mathrm{Hom}}_{\mathcal{O}}(\cdot , B)$ est un foncteur contravariant de F A C(V) dans FA(V) et on a :

$$\Gamma(V, \underline{\mathrm{Hom}}_{\mathfrak{O}}(\mathcal{F}, B)) = \mathrm{Hom}_{\mathfrak{O}}(\mathcal{F}, B)$$

Soit $\underline{GA}$ la catégorie dont les objets sont les groupes abéliens et les morphismes les morphismes de groupes.

Soit Φ une famille de supports dans V. On pose :

$$\mathrm{Hom}_{\Phi,\mathfrak{O}}(\mathcal{F}, B) = \Gamma_{\Phi}(V, \underline{\mathrm{Hom}}_{\mathfrak{O}}(\mathcal{F}, B)) .$$

<u>THÉORÈME 3</u> (cf. 5).

<u>Soit</u> $\mathcal{F} \in \mathrm{O\,b}\,(\underline{F\,A\,C}\,(V))$.

1) <u>Le faisceau</u> $\underline{\mathrm{Hom}}_{\mathfrak{O}}(\mathcal{F}, B)$ <u>est flasque et</u>

$$\Gamma_K(V, \underline{\mathrm{Hom}}_{\mathfrak{O}}(\mathcal{F}, B)) = \mathcal{F}(K)'$$

<u>2) Le foncteur</u> $\underline{\mathrm{Hom}}_{\mathfrak{O}}(\cdot\ , B)$:

$$\underline{FAC}(V) \longrightarrow \underline{F\,A}(V)$$

<u>est exact</u>.

3) <u>Si</u> Φ <u>est une famille de supports dans</u> V <u>le foncteur</u> $\mathrm{Hom}_{\Phi,\mathfrak{O}}(\cdot\ , B)$

$$\underline{F\,A\,C}\,(V) \longrightarrow \underline{GA}$$

<u>est exact</u>.

<u>Démonstration</u>.

1) Soit Ω un ouvert relativement compact de V et

$$\mathfrak{O}^q \xrightarrow[{}^t(f)]{} \mathfrak{O}^p \longrightarrow \mathcal{F} \longrightarrow 0$$

une résolution de $\mathcal{F}$ au voisinage de $\bar{\Omega}$.

La suite

$$0 \longrightarrow \underline{\mathrm{Hom}}_{\mathfrak{O}}(\mathcal{F}, B) \longrightarrow B^p \xrightarrow[(f)]{} B^q$$

est exacte. D après le théorème 2 cela entraîne que la restriction de $\underline{\mathrm{Hom}}_{\mathfrak{O}}(\mathcal{F}, B)$ à Ω est flasque. Donc $\underline{\mathrm{Hom}}_{\mathfrak{O}}(F, B)$ est flasque.

Si K est un compact de Ω la suite

$$\mathfrak{A}^q(K) \longrightarrow \mathfrak{A}^p(K) \longrightarrow \mathcal{F}(K) \longrightarrow 0$$

est une suite exacte d'espaces du type $\mathcal{DFS}$ donc la suite

$$0 \longrightarrow \mathcal{F}(K)' \longrightarrow \mathfrak{A}^p(K)' \longrightarrow \mathfrak{A}^q(K)'$$

est exacte.

Comme il en est de même de la suite

$$0 \longrightarrow \Gamma_K(V, \underline{\mathrm{Hom}}_{\mathfrak{A}}(\mathcal{F}, B)) \longrightarrow \Gamma_K(V, B^p) \longrightarrow \Gamma_K(V, B^q)$$

on a

$$\Gamma_K(V, \underline{\mathrm{Hom}}_{\mathfrak{A}}(\mathcal{F}, B)) = \mathcal{F}(K)'$$

2) D'après (1 ,p. 266) on a :

$$\forall x \in V$$

$$(\underline{\mathrm{Hom}}_{\mathfrak{A}}(\mathcal{F}, B))_x = \mathrm{Hom}_{\mathfrak{A}_x}(\mathcal{F}_x, B_x)$$

Il suffit alors d'appliquer le corollaire 2.

3) Soit

$$\mathcal{F} \underset{u}{\longrightarrow} \mathcal{G} \underset{u}{\longrightarrow} \mathcal{H}$$

une suite exacte dans $\underline{\mathrm{FAC}}(V)$. En remplaçant $\mathcal{F}$ par Ker u et $\mathcal{H}$ par Im v on peut supposer la suite

$$0 \longrightarrow \mathcal{F} \longrightarrow \mathcal{G} \longrightarrow \mathcal{H} \longrightarrow 0$$

exacte.

La suite

$$0 \longrightarrow \underline{\mathrm{Hom}}_{\mathfrak{A}}(\mathcal{H}, B) \longrightarrow \underline{\mathrm{Hom}}_{\mathfrak{A}}(\mathcal{G}, B) \longrightarrow \underline{\mathrm{Hom}}_{\mathfrak{A}}(\mathcal{F}, B) \longrightarrow 0$$

est alors exacte et le théorème résulte de ce que $\underline{\mathrm{Hom}}_{\mathfrak{A}}(\mathcal{H}, B)$ est flasque.

4) <u>Résolutions sur une variété complexe</u>

A partir de maintenant nous placerons notre étude dans une variété W analytique complexe de dimension (complexe) n, dénombrable à l'infini.

En considérant la structure de variété analytique réelle de W on peut définir les faisceaux $\mathfrak{A}$ et B sur W. On désigne par $\theta^{(p)}$ le faisceau des germes de formes différentielles holomorphes de degré p ($\theta^{(o)} = \theta$), par $\mathfrak{A}^{(p,q)}$ (resp. $B^{(p,q)}$) le faisceau des formes différentielles de bidegré (p, q) en $(dz, d\bar{z})$ à coefficients dans $\mathfrak{A}$ (resp. B) et par $\bar{\partial}$ l'opérateur de différentiation extérieure en $d\bar{z}$.

THÉORÈME 4 (cf. 6, 12)

On a les deux suites exactes de faisceaux sur W :

(1) $0 \longrightarrow \theta^{(p)} \longrightarrow \mathfrak{A}^{(p,q)} \xrightarrow{\bar{\partial}} \dots \mathfrak{A}^{(p,n)} \longrightarrow 0$

(2) $0 \longrightarrow \theta^{(n-p)} \longrightarrow B^{(n-p,o)} \xrightarrow{\bar{\partial}} \dots B^{(n-p,n)} \longrightarrow 0$.

La résolution (2) est une résolution flasque, donc molle, du faisceau $\theta^{(n-p)}$.

Soit $\mathcal{E}^{(n,n)}$ le faisceau des formes différentielles de degré (n, n) à coefficients C^{∞}. Il résulte du théorème de DOLBEAULT que si $T \in \Gamma_c(W, B^{(n,n)})$ (c : famille des compacts de W) il existe $S \in \Gamma_c(W, \mathcal{E}^{(n,n)})$ dont la classe dans $H^n_c(W, \theta^{(n)})$ est celle de T.

On pose :

$$\int_W T = \int_W S$$

Si K est un compact de W, les espaces $\Gamma(K, \mathfrak{A}^{(p,q)})$ et $\Gamma_K(W, B^{(n-p,n-q)})$ sont alors des espaces $\mathcal{DFS}$. et $\mathcal{FS}$. en dualité par

$$(f, T) \longrightarrow \int_W f \wedge T$$

THÉORÈME 5

Soit K un compact de W, $\mathcal{F}$ un faisceau cohérent de θ-modules.

1) $\underline{\mathrm{Hom}}_{\theta}(\mathcal{F}, B^{(p,q)}) = \underline{\mathrm{Hom}}_{\mathfrak{A}}(\mathcal{F} \otimes_{\theta} \mathfrak{A}, B^{(p,q)})$.

2) Les espaces $\Gamma(K, \mathcal{F} \otimes_{\theta} \mathfrak{A}^{(p,q)})$ et $\mathrm{Hom}_{K,\theta}(W, \mathcal{F}, B^{(n-p,n-q)})$ sont des espaces

$\mathcal{F.S.}$ et $\mathcal{D.F.S.}$ en dualité.

1) Cela est classique

2) Soit

$$\mathfrak{A}^j \longrightarrow \mathfrak{A}^i \longrightarrow \mathcal{F}\otimes_{\Theta}\mathfrak{A} \longrightarrow 0$$

une résolution libre de $F \otimes_{\Theta} \mathfrak{A}$ au voisinage de K.

Les suites

$$\Gamma(K, \mathfrak{A}^{(p,\ q)})^j \longrightarrow \Gamma(K, \mathfrak{A}^{(p,\ q)})^i \longrightarrow \Gamma(K, \mathcal{F}\otimes_{\Theta}\mathfrak{A}^{(p,\ q)}) \longrightarrow 0$$

et

$$0 \longrightarrow \mathrm{Hom}_{K,\mathfrak{A}}(W, \mathcal{F}\otimes_{\Theta}\mathfrak{A}, B^{(n-p\ ,\ n-q)}) \longrightarrow \Gamma_K(W, B^{(n-p,n-q)})^i \longrightarrow \Gamma_K(W, B^{(n-p,n-q)})^j$$

sont exactes. Le théorème en résulte.

THÉORÈME 6

Soit $\mathcal{F}$ un faisceau cohérent sur W.

La suite

$$0 \longrightarrow \mathcal{F} \longrightarrow \mathcal{F}\otimes_{\Theta}\mathfrak{A}^{(o,o)} \xrightarrow{\partial} \dots \longrightarrow \mathcal{F}\otimes_{\Theta}\mathfrak{A}^{(o,n)} \longrightarrow 0$$

est exacte.

Démonstration

Le théorème est de type local. On peut supposer que $\mathcal{F}$ admet une résolution libre :

$$0 \longrightarrow \Theta^{\alpha p} \longrightarrow \dots \longrightarrow \Theta^{\alpha 1} \longrightarrow \mathcal{F} \longrightarrow 0$$

Considérons le diagramme commutatif :

$$
\begin{array}{ccccccccc}
 & & 0 & & 0 & & 0 & & \\
 & & \downarrow & & \downarrow & & \downarrow & & \\
0 & \longrightarrow & \Theta^{\alpha_p} & \longrightarrow & \Theta^{\alpha_p} \otimes_{\Theta} \mathfrak{A}^{(0,\,0)} & \xrightarrow{\partial} & \cdots & \longrightarrow & 0 \\
 & & \downarrow & & \downarrow & & & & \\
 & & \vdots & & \vdots & & & & \\
 & & \downarrow & & \downarrow & & & & \\
0 & \longrightarrow & \Theta^{\alpha_1} & \longrightarrow & \Theta^{\alpha_1} \otimes_{\Theta} \mathfrak{A}^{(0,\,0)} & \xrightarrow{\partial} & \cdots & \longrightarrow & 0 \\
 & & \downarrow & & \downarrow & & & & \\
0 & \longrightarrow & \mathcal{F} & \longrightarrow & \mathcal{F} \otimes_{\Theta} \mathfrak{A}^{(0,\,0)} & \xrightarrow{\partial} & \cdots & \longrightarrow & 0 \\
 & & \downarrow & & \downarrow & & \downarrow & & \\
 & & 0 & & 0 & & 0 & &
\end{array}
$$

Les colonnes de ce diagramme sont exactes car $\mathfrak{A}$ est plat sur Θ et toutes les lignes au dessus de la dernière sont exactes d'après le théorème 4.

On en conclut que la dernière ligne est exacte.

5. - Dualité

Nous appellerons espace du type $\mathcal{Q}.\mathcal{F}.\mathcal{S}.$ (resp. $\mathcal{Q}.\mathcal{D}.\mathcal{F}.\mathcal{S}.$) un espace vectoriel topologique (non nécessairement séparé) qui est le quotient de deux espaces du type $\mathcal{F}.\mathcal{S}.$ (resp. $\mathcal{D}.\mathcal{F}.\mathcal{S}.$) .

LEMME 1 (cf. 13, 8, 10).

Soit

$$E \xrightarrow[u]{} F \xrightarrow[v]{} G$$

un complexe d'espaces vectoriels du type $\mathcal{F}.\mathcal{S}.$ et soit

$$G' \xrightarrow[v']{} F' \xrightarrow[u']{} E'$$

le complexe transposé.

Posons $H = \dfrac{\mathrm{Ker}\ v}{\mathrm{Im}\ u}$ (c'est un espace $\mathcal{Q}.\mathcal{F}.\mathcal{S}.$) et $H' = \dfrac{\mathrm{Ker}\ u'}{\mathrm{Im}\ v'}$ (c'est un espace $\mathcal{Q}.\mathcal{D}.\mathcal{F}.\mathcal{S}.$).

Alors la dualité entre F et F' induit une forme bilinéaire sur $H \times H'$ qui fait du séparé de H' (resp. H) le dual du séparé de H (resp. H').

La démonstration est laissée au lecteur.

THÉORÈME 7 (cf. 8, 10).

Soit $\mathcal{F}$ un faisceau cohérent de $\mathcal{O}$-modules sur W, variété analytique complexe de dimension n. Soit K un compact de W.

Pour tout entier $p \geq 0$ il existe une topologie naturelle du type $\mathcal{Q}.\mathcal{D}.\mathcal{F}.\mathcal{S}.$ sur $H^p(K,\mathcal{F})$, une topologie naturelle du type $\mathcal{Q}.\mathcal{F}.\mathcal{S}.$ sur $\mathrm{Ext}^{\,n-p}_{K,\mathcal{O}}(W, \mathcal{F}, \mathcal{O}^{(n)})$ et une forme bilinéaire sur le produit

$$H^p(K,\mathcal{F}) \times \mathrm{Ext}^{\,n-p}_{K,\mathcal{O}}(W, \mathcal{F}, \mathcal{O}^{(n)})$$

qui fait du séparé de l'un de ces espaces le dual fort du séparé de l'autre.

Démonstration

Les faisceaux $\mathcal{F} \otimes_{\mathcal{O}} \mathcal{C}^{p,q}$ sont des faisceaux cohérents de $\mathcal{C}$-modules : d'après le théorème B et le théorème de GRAUERT, $H^i(K, \mathcal{F} \otimes_{\mathcal{O}} \mathcal{C}^{p,q}) = 0$ $(i > 0)$ et par suite $H^p(K,\mathcal{F})$ est isomorphe au p-ème groupe de cohomologie du complexe

$$0 \longrightarrow \Gamma(K, \mathcal{F}) \longrightarrow \Gamma(K, \mathcal{F} \otimes_{\Theta} \mathfrak{A}^{(0,0)}) \xrightarrow{\partial} \cdots \longrightarrow 0$$

De même $\mathrm{Ext}^{n-p}_{K,\Theta}(W, \mathcal{F}\ \Theta^{(n)})$ est isomorphe au $(n - p)$-ième groupe de cohomologie du complexe

$$0 \longrightarrow \mathrm{Hom}_{K,\Theta}(\mathcal{F}, \Theta^{(n)}) \longrightarrow \mathrm{Hom}_{K,\Theta}(\mathcal{F}, B^{(n,0)}) \xrightarrow{\partial} \cdots\cdots \longrightarrow 0$$

Pour le voir il faut vérifier que $\mathrm{Ext}^{i}_{K,\Theta}(\mathcal{F}, B^{(p,q)}) = 0 \quad i > 0$.

Il résulte du théorème 4 et de ce que $\mathfrak{A}$ est plat sur Θ que ce groupe est égal à $\mathrm{Ext}^{i}_{K,\mathfrak{A}}(\mathcal{F} \otimes_{\Theta} \mathfrak{A}, B^{(p,q)})$.

Soit alors

$$0 \longrightarrow \mathfrak{A}^{\alpha_r} \longrightarrow \cdots\ \mathfrak{A}^{\alpha_1} \longrightarrow \mathcal{F} \longrightarrow 0$$

une résolution libre de $\mathcal{F}$ au voisinage de K. On en déduit des petites suites exactes

$$0 \longrightarrow \mathcal{F}^{1} \longrightarrow \mathfrak{A}^{\alpha_1} \longrightarrow \mathcal{F} \longrightarrow 0$$

$$\cdots\cdots\cdots$$

$$0 \longrightarrow \mathfrak{A}^{\alpha_r} \longrightarrow \mathfrak{A}^{\alpha_{r-1}} \longrightarrow \mathcal{F}^{r-2} \longrightarrow 0$$

Comme le foncteur $\mathrm{Hom}_{K,\mathfrak{A}}(\ \cdot\ , B^{(p,q)})$ est exact sur <u>F A C</u> on voit par récurrence qu'il suffit de vérifier que $\mathrm{Ext}^{i}_{K,\mathfrak{A}}(W, \mathfrak{A}^{\alpha}, B^{(p,q)}) = 0 \ (i > 0)$.

Mais ce dernier groupe n'est autre que $H^{i}_{K}(W, B^{(p,q)})^{\alpha}$ qui est nul pour $i > 0$ car $B^{(p,q)}$ est un faisceau flasque.

Il suffit alors d'appliquer le lemme 1 (compte-tenu du théorème 5).

6. - <u>Généralisation de la théorie de SATO</u>

<u>THÉORÈME 8.</u>

<u>Soit</u> V <u>une variété analytique réelle de dimension</u> n, <u>dénombrable à l'infini,</u> W <u>un complexifié de</u> V, $\mathcal{F}$ <u>un faisceau cohérent de</u> Θ<u>-modules sur</u> W.

<u>Les groupes</u> $\mathrm{Ext}^{i}_{V}(W, \mathcal{F}, \Theta^{(n)})$ <u>sont nuls pour</u> $i \neq n$ <u>et on a un isomorphisme</u>

$$\mathrm{Ext}^{n}_{V}(W, \mathcal{F}, \Theta^{(n)}) = \mathrm{Hom}_{\mathfrak{A}}(V, \mathcal{F}|V, B)$$

<u>où $\mathcal{O}\!\mathcal{L}$ (resp. B) désigne le faisceau des germes de fonctions analytiques (resp. d'hyperfonctions) sur</u> V.

<u>Démonstration</u>

Pour tout compact K de V et pour tout $i > 0$ on a $H^i(K,\mathcal{F}) = 0$, donc d'après le théorème 7 $\mathrm{Ext}^i_{K,\Theta}(W, \mathcal{F}, \Theta^{(n)}) = 0 \quad i \neq n$.

De plus $\mathrm{Ext}^n_{K,\Theta}(W, \mathcal{F}, \Theta^{(n)}) = (\Gamma(K, F))' = \mathrm{Hom}_{K,\mathcal{O}\!\mathcal{L}}(V, \mathcal{F}|V, B)$ d'après le théorème 3.

Soit ω un ouvert relativement compact de V. On a les suites exactes

$$\mathrm{Ext}^i_{\partial\omega} \longrightarrow \mathrm{Ext}^i_{\bar{\omega}} \longrightarrow \mathrm{Ext}^i_{\omega} \longrightarrow \mathrm{Ext}^{i+1}_{\partial\omega}$$

(on écrit Ext^i_Z pour $\mathrm{Ext}^i_{Z,\Theta}(W, \mathcal{F}, \Theta^{(n)})$.

Comme l'application

$$\mathrm{Ext}^n_{\partial\omega} \longrightarrow \mathrm{Ext}^n_{\bar{\omega}}$$

est isomorphe à l'application

$$(\Gamma(\partial\omega, \mathcal{F}))' \longrightarrow (\Gamma(\bar{\omega}, \mathcal{F}))'$$

qui est injective (pour le voir on prend une résolution libre de $\mathcal{F}|V$ au voisinage de $\bar{\omega}$), les groupes $\mathrm{Ext}^i_{\omega}(W, \mathcal{F}, \Theta^{(n)})$ sont nuls pour $i < n$, $\omega \subset\subset V$ (et pour $i > n$ c'est évident d'après le théorème 6).

Un argument classique (cf. 1 ou 12, théorème B 36) montre alors que $\mathrm{Ext}^i_V(W, \mathcal{F}, \Theta^{(n)}) = 0 \quad i < n$, et que le préfaisceau

$$\omega \longrightarrow \mathrm{Ext}^n_{\omega}(W, \mathcal{F}, \Theta^{(n)})$$

est un faisceau.

Ce faisceau est flasque car si ω est un ouvert de V on a la suite exacte

$$\mathrm{Ext}^n_V \longrightarrow \mathrm{Ext}^n_{\omega} \longrightarrow \mathrm{Ext}^{n+1}_{V-\omega} = 0 \quad .$$

Comme ce faisceau flasque a ses sections à support compact isomorphes à celles du faisceau flasque

$\underline{\text{Hom}}_{\mathfrak{A}}(\mathcal{F}|V, B)$, il lui est isomorphe.

On peut aussi énoncer le théorème 8 ainsi :

Il existe un isomorphisme (canonique)

$$\text{Hom}_{\Theta,V}(\mathcal{F}|V, \underline{H}^n_V(W, \Theta^{(n)}) \simeq \text{Ext}^n_{\Theta,V}(W, \mathcal{F}, \Theta^{(n)}).$$

BIBLIOGRAPHIE

[1] - GODEMENT (R.). - Théorie des faisceaux . Hermann, Paris, 1964.

[2] - GRAUERT (H.). - On Levi's problem and the embedding of real analytic manifolds. Ann. of Math. , Série 2, t. 69, p. 460-472, 1958.

[3] - GROTHENDIECK (A.). - Espaces vectoriels topologiques. Soc. Mat. Saõ-Paulo, 1964.

[4] - HÖRMANDER (L.). - Introduction to complex analysis in several variables. Van Norstrand, 1966.

[5] - KANTOR (J.-M.) et SCHAPIRA (P.). - Hyperfonctions associées aux faisceaux analytiques cohérents . Anaïs da Acad. Brasil da Sciencias (A paraître).

[6] - KOMATSU (H.). - Resolutions by hyperfonctions of sheaves of solutions of partial differential equations with constant coefficients. Math. Annalen, t. 176, p. 77-86, 1968.

[7] - MALGRANGE (B.). - Idéaux de fonctions différentiables. Tata Institute, Bombay, 1966.

[8] - MALGRANGE (B.). - Séminaire de géométrie analytique, Orsay, 1968.

[9] - MARTINEAU (A.). - Les hyperfonctions de M.SATO. Sém. Bourbaki, 15e année, n° 214, 1960-1961.

[10] - RAMIS (J.-P.) et RUGET (G.). - Complexe dualisant et théorèmes de dualité en géométrie analytique complexe. (A paraître).

[11] - SATO (M.). - Theory of hyperfunctions. J. Fac. Sci. Univ. Tokyo, I et II, t. 8, p. 139-193 et p. 387-437, 1959-1960.

[12] - SCHAPIRA (P.). - Théorie des hyperfonctions. Lecture Notes in Math. 126, Springer, 1970.

[13] - SERRE (J.-P.). - Un théorème de dualité. Comm. Math. Helv., t. 29, p. 9-26, 1955.

[14] - SUOMINEN . - Duality for coherent sheaves on analytic manifolds. Ann. Acad. Scient Fennical. Helsinki, 1968.

Séminaire P.LELONG
(Analyse)
10e année, 1969/70 29 Avril 1970

UNE NOTION DE RÉSIDU EN GÉOMÉTRIE ANALYTIQUE

par A. B E A U V I L L E

Introduction

Le but de cet exposé est de donner la définition et les propriétés élémentaires du "résidu" défini par A.GROTHENDIECK en géométrie algébrique. On se place ici dans le cadre de la géométrie analytique de [1] , c'est-à-dire que les espaces analytiques considérés sont de dimension finie sur $\mathbb{C}$.

1. - Préliminaires : catégories dérivées

Rappelons brièvement les propriétés des catégories dérivées ([2] , [3]). Soit A une catégorie abélienne ; on désigne par K(A) la catégorie dont les objets sont les complexes d'objets de A et les flèches les classes d'homomorphismes de complexes pour la relation d'homotopie (les complexes considérés sont toujours des complexes de cochaînes, i.e. à différentielle de degré + 1).

On dit qu'un morphisme de K(A) est un quasi-isomorphisme s'il induit un isomorphisme sur l'homologie. La "catégorie dérivée" D(A) est caractérisée par la propriété suivante : il existe un foncteur Q : K(A) $\longrightarrow$ D(A), transformant quasi-isomorphismes en isomorphismes, et tel que tout foncteur de K(A) dans une catégorie quelconque transformant quasi-isomorphismes en isomorphismes se factorise par Q. Le foncteur Q est essentiellement surjectif, de sorte qu'on peut encore considérer les objets de D(A) comme des complexes d'objets de A.

Lorsqu'on ne considère que les complexes bornés inférieurement (resp. bornés supérieurement, resp. bornés), on obtient des sous-catégories pleines de K(A) et D(A), notées $K^+(A)$ et $D^+(A)$ (resp. $K^-(A)$ et $D^-(A)$, resp. $K^b(A)$ et $D^b(A)$).

Si $F : A \to B$ est un foncteur additif de catégories abéliennes, on peut sous certaines conditions définir un "foncteur dérivé" $\underline{\underline{R}}F : D(A) \to D(B)$, caractérisé par une propriété universelle. Signalons seulement un cas important d'existence du foncteur dérivé :

THÉORÈME 1

Soient $F : A \to B$ un foncteur (covariant) additif de catégories abéliennes, L une sous-catégorie pleine de A, possèdant les propriétés suivantes :

(i) L est stable par extension et conoyau (resp. noyau)

(ii) Tout objet de A se plonge dans un objet de L (resp. est quotient d'un objet de L).

(iii) F transforme toute suite exacte courte d'objets de L en suite exacte.

Alors :

a) Pour tout objet $X^\cdot$ de $K^+(A)$ (resp. $K^-(A)$), il existe un quasi-isomorphisme $X^\cdot \to P^\cdot$, avec $P^\cdot \in \mathrm{Ob}\ K^+(L)$ (resp. $P^\cdot \to X^\cdot$, avec $P^\cdot \in \mathrm{Ob}\ K^-(L)$).

b) Il existe un "foncteur dérivé" $\underline{\underline{R}}F : D^+(A) \to D^+(B)$ (resp. $\underline{\underline{L}}F : D^-(A) \to D^-(B)$); avec les notations de a., on a : $\underline{\underline{R}}F(X^\cdot) = F(P^\cdot)$ (resp. $\underline{\underline{L}}F(X^\cdot) = F(P^\cdot)$).

Remarques

Les conditions (i) à (iii) sont remplies notamment par la catégorie des objets injectifs (resp. projectifs) de A, lorsque A possède assez d'injectifs (resp. de projectifs). Lorsque X est un complexe réduit à un seul objet en degré zéro, les objets de cohomologie de $\underline{\underline{R}}F(X)$ sont alors les foncteurs dérivés classiques $R^i F(X)$ de CARTAN-EILENBERG.

Le théorème 1 s'étend facilement au cas d'un foncteur contravariant ou d'un bifoncteur.

<u>Exemples</u>.

Soient (X, O_X) un espace annelé, Mod(X) la catégorie des O_X-Modules ; dans la suite, on écrira simplement $D(X)$, $D^+(X)$, $D^-(X)$ pour $D(\mathrm{Mod}(X))$, $D^+(\mathrm{Mod}(X))$, $D^-(\mathrm{Mod}(X))$.

La catégorie Mod(X) a assez d'injectifs (CARTAN-EILENBERG) ; si $\underline{Ab}$ désigne la catégorie des groupes abéliens, on peut donc définir les foncteurs :

$$\underline{\underline{R}}\,\Gamma \quad : D^+(X) \longrightarrow D^+(\underline{Ab})$$

$$\underline{\underline{R}}\,\mathrm{Hom} \quad : D(X) \times D^+(X) \longrightarrow D(\underline{Ab}) \quad (\text{"Hom globaux"})$$

$$\underline{\underline{R}}\,\underline{\mathrm{Hom}} \quad : D(X) \times D^+(X) \longrightarrow D(X) \quad (\text{"}\underline{\mathrm{Hom}}\text{ locaux"})$$

avec $H^i(\underline{\underline{R}}\,\Gamma(F)) = H^i(X, F)$; $H^i(\underline{\underline{R}}\,\mathrm{Hom}(F, G)) = \mathrm{Ext}^i(F, G)$ (Ext globaux)

$$H^i(\underline{\underline{R}}\,\underline{\mathrm{Hom}}\,(F, G)) = \underline{\mathrm{Ext}}^i\,(F, G) \qquad (\underline{\mathrm{Ext}}\text{ locaux}).$$

Si $f : (X, O_X) \longrightarrow (Y, O_Y)$ est un morphisme d'espaces annelés, on définit de même $\underline{\underline{R}}f_* : D^+(X) \longrightarrow D^+(Y)$; on aura $H^i(\underline{\underline{R}}f_*(F)) = R^i f_*(F)$.

D'autre part, il est facile de vérifier que la catégorie des O_Y-Modules plats possède les propriétés (i) à (iii) vis-à-vis du foncteur image réciproque f^*; on peut donc définir le foncteur dérivé $\underline{\underline{L}}\, f^* : D^-(Y) \longrightarrow D^-(X)$.

De même, le produit tensoriel sur X admet un foncteur dérivé $\underline{\underline{\otimes}} : D^-(X) \times D^-(X) \longrightarrow D^-(X)$. On remarquera que les faisceaux de cohomologie des complexes obtenus ne peuvent se calculer par la méthode de CARTAN-EILENBERG faute de connaître les projectifs dans Mod(X).

THÉORÈME 2

Soient $F : A \to B$, $G : B \to C$ deux foncteurs covariants additifs de catégories abéliennes; supposons données des sous-catégories pleines $L \subset A$ et $K \subset B$ possèdant les propriétés (i) à (iii) du théorème 1 vis-à-vis de F et G (de sorte qu'on peut définir des foncteurs dérivés $\underline{\underline{R}}F$ et $\underline{\underline{R}}G$, resp. $\underline{\underline{L}}F$ et $\underline{\underline{L}}G$) ; supposons en outre que $F(L) \subset K$. Il existe alors un isomorphisme fonctoriel canonique:

$$\underline{\underline{R}}(G \circ F) \xrightarrow{\sim} \underline{\underline{R}}G \circ \underline{\underline{R}}F$$

$$(\text{resp. } \underline{\underline{L}}(G \circ F) \xrightarrow{\sim} \underline{\underline{L}}G \circ \underline{\underline{L}}F) .$$

Cet isomorphisme remplace avantageusement la classique suite spectrale de LERAY. Dans le cas d'un morphisme $f : X \to Y$ d'espaces annelés, on trouve par exemple les isomorphismes :

$$\underline{\underline{R}}\,\Gamma_Y \circ \underline{\underline{R}}\,f_* \xrightarrow{\sim} \underline{\underline{R}}\,\Gamma_X$$

$$\underline{\underline{R}}\,\Gamma \circ \underline{\underline{R}}\,\underline{Hom} \xrightarrow{\sim} \underline{\underline{R}}\,Hom .$$

2. - Préliminaires : foncteur $f^!$

Soit $f : X \to Y$ un morphisme d'espaces analytiques. Le foncteur $\underline{\underline{R}}\,f_* : D^+(X) \to D^+(Y)$ a un adjoint à gauche, à savoir $\underline{\underline{L}}f^*$; la théorie de la dualité ([2] , [5]) montre qu'il a aussi un adjoint à droite $f^! : D^+(Y) \to D^+(X)$, lorsque f est propre. Ce foncteur satisfait les propriétés habituelles d'un adjoint vis-à-vis de la composition des morphismes. Lorsque f est fini, la formule d'adjonction donne une définition directe de $f^!$; une formule de changement de base donne alors une définition explicite de $f^!$ lorsque f est lisse ([4]) .

Pour éviter d'utiliser les résultats de la théorie de la dualité, on va procéder différemment et définir a priori le foncteur $f^!$ pour un morphisme lisse ou fini ; on vérifiera ensuite par le calcul les propriétés nécessaires à la suite.

Rappelons quelques définitions de géométrie analytique. Soit X un espace analytique ; une suite $(t_1 \dots t_n)$ d'éléments de $\Gamma(X, O_X)$ est dite O_X-régulière si pour tout $i (1 \leqslant i \leqslant n)$ t_i n'est pas diviseur de zéro dans le faisceau $O_X/(t_1 \dots t_{i-1}) O_X$. Une immersion fermée d'espaces analytiques $Y \to X$ (i.e. un isomorphisme de Y sur un sous-espace de X, défini par un idéal I de O_X) est régulière si I est engendré localement par une suite O_X-régulière. Ceci entraîne que le O_Y-Module I/I^2 ("Module conormal" de l'immersion) est localement libre ; son rang r est la "codimension" de l'immersion régulière. On pose $\omega_{Y/X} = \underline{\mathrm{Hom}}_{O_Y}(\Lambda^r I/I^2, O_Y)$; c'est un faisceau inversible sur Y.

Si $f : X \to Y$ est un morphisme lisse de dimension n (c'est-à-dire un morphisme plat dont les fibres $f^{-1}(y)$ sont des variétés de dimension n), le faisceau des différentielles relatives $\Omega^1_{X/Y}$ est un O_X-Module localement libre de rang n (c'est le faisceau qui induit sur chaque fibre $f^{-1}(y)$ le faisceau des 1-formes différentielles régulières, au sens classique, sur cette variété ; cf. [1]) ; on pose $\omega_{X/Y} = \Lambda^n \Omega^1_{X/Y} = \Omega^n_{X/Y}$, avec en général $\Omega^p_{X/Y} = \Lambda^p \Omega^1_{X/Y}$. C'est encore un faisceau inversible sur X.

PROPOSITION 1

Soient $f : X \to Y$, $g : Y \to Z$ deux morphismes d'espaces analytiques tels que f, g et gf soient des morphismes lisses ou des immersions fermées régulières. On a des isomorphismes :

$$\zeta_{f,g} : \omega_{X/Z} \xrightarrow{\sim} \omega_{X/Y} \otimes_X f^* \omega_{Y/Z} .$$

La démonstration se déduit facilement des deux suites exactes suivantes :

- Si f et g (donc gf) sont lisses :

$$0 \longrightarrow f^* \Omega^1_{Y/Z} \longrightarrow \Omega^1_{X/Z} \longrightarrow \Omega^1_{X/Y} \longrightarrow 0$$

- Si g et gf sont lisses , et si f est une immersion fermée régulière, définie par un idéal I :

$$0 \longrightarrow I/I^2 \longrightarrow f^* \Omega^1_{Y/Z} \longrightarrow \Omega^1_{X/Z} \longrightarrow 0$$

Voir [2] pour les détails.

Soit $f : X \longrightarrow Y$ un morphisme fini (i.e. propre à fibres finies) ; on sait alors ([1]) que le foncteur f_* est exact et réalise une équivalence de la catégorie des O_X-Modules avec la catégorie des $f_*(O_X)$-Modules. On désignera par (f_*^{-1}) un foncteur quasi-inverse (défini à un isomorphisme canonique près).

Définition

Soit $f : X \longrightarrow Y$ un morphisme, $F^\cdot \in D^+(Y)$. On pose :

- Si f est lisse de dimension n : $f^!(F^\cdot) = f^*(F^\cdot) \otimes \omega_{X/Y}[n]$ (où $G^\cdot[n]$ est le complexe $G^\cdot$ translaté de n degrés vers la gauche).

- Si f est fini : $f^!(F^\cdot) = (f_*^{-1})\ \underline{\underline{R}}\ \underline{Hom}_{O_Y}(f_* O_X, F^\cdot)$.

Conformément au § 1, ce dernier complexe se calcule à l'aide d'un complexe d'injectifs $I^\cdot$ quasi-isomorphe à $F^\cdot$: $f^!(F^\cdot) = (f_*^{-1})\ \underline{Hom}_{O_Y}(f_* O_X, I^\cdot)$,

le complexe $\underline{Hom}_{O_Y}(f_* O_X, I^\cdot)$ étant considéré comme complexe de $f_* O_X$-Modules de manière évidente.

THÉORÈME 3

a) Soient f, g deux morphismes lisses ou finis, tels que le composé gf soit lisse ou fini; il existe un isomorphisme fonctoriel $C_{f,g} : f^!\, g^! \xrightarrow{\sim} (gf)^!$.

b) Si u : $Y' \longrightarrow Y$ est un morphisme de changement de base plat, on a un isomorphisme fonctoriel :

$$\begin{array}{ccc} X\times_Y Y' & \xrightarrow{u'} & X \\ \downarrow f' & & \downarrow f \\ Y' & \xrightarrow{u} & Y \end{array}$$

$$d_{f,u} : u'^{*} f^{!} \xrightarrow{\sim} f'^{!} u^{*} \quad .$$

c) Soit $i : Y \longrightarrow X$ une immersion fermée régulière de codimension n ; il existe un isomorphisme fonctoriel :

$$\eta_i : i^{!}(F^{\cdot}) \xrightarrow{\sim} \underline{\underline{L}}i^{*}(F^{\cdot}) \otimes \omega_{Y/X}[-n]$$

Les points fondamentaux de la démonstration (cf. [2]) sont les suivants :

b) la définition de l'isomorphisme $d_{f,u}$ est immédiate. Si u (donc u') est lisse, on a aussi un isomorphisme fonctoriel $d'_{f,u} : u'^{!} f^{!} \xrightarrow{\sim} f'^{!} u^{!}$.

a) Le morphisme $c_{f,g}$ se construit facilement lorsque f et g sont lisses à partir de l'isomorphisme $\zeta_{f,g}$ de la Proposition 1, lorsque f et g sont finis à partir d'un isomorphisme classique pour les modules d'homomorphismes et du théorème 2 ; et aussi lorsque f est une immersion fermée régulière et g et gf sont lisses, grâce au c) et à l'isomorphisme $\zeta_{f,g}$. Le cas général se déduit de ces cas particuliers par la considération de certains graphes de morphismes.

Etudions par exemple le cas où f est fini, g lisse, gf fini : on forme le graphe

$$\begin{array}{ccccc} & & X\times_Z Y & & \\ & \overset{j}{\nearrow} & \downarrow p_1 & \overset{p_2}{\searrow} & \\ X & & X & \xrightarrow{f} & Y \\ & & & \overset{gf}{\searrow} & \downarrow g \\ & & & & Z \end{array}$$

$j : X \longrightarrow X \times_Z Y$ de f (défini par $p_1 \circ j = Id_X$, $p_2 \circ j = f$) et on définit $c_{f,g}$ par :

$$c_{f,g} : f^{!}\, g^{!} \xrightarrow{c^{-1}_{j,p_2}} j^{!}\, p_2^{!}\, g^{!} \xrightarrow{d^{-1}_{gf,g}} j^{!}\, p_1^{!} (gf)^{!} \xrightarrow{c_{j,p_1}} (gf)^{!}$$

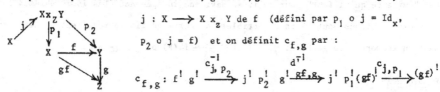

c) Il reste à construire l'isomorphisme η_i ; en remplaçant $F^{\cdot}$ par un complexe quasi-isomorphe formé de Modules plats, on est ramené à construire $\eta_i : i^{!}(F) \xrightarrow{\sim} i^{*}(F) \otimes \omega_{Y/X}[-n]$ lorsque F est un O_X-Module plat. On utilise pour cela les "complexes de KOSZUL" : si $t_1, \ldots, t_n$ sont des sections de O_X, le "complexe de KOSZUL de O_X relatif aux (t_i)" est le complexe de O_X-Modules :

$$0 \longrightarrow \Lambda^n(O_X^n) \longrightarrow \Lambda^{n-1}(O_X^n) \longrightarrow \ldots \longrightarrow \Lambda^1(O_X^n) \longrightarrow O_X \longrightarrow 0$$

où la différentielle $d_p : \Lambda^p(O_X^n) \longrightarrow \Lambda^{p-1}(O_X^n)$ est définie sur la base canonique $(e_1 \ldots e_n)$ de O_X^n par :

$$d_p(e_{i_1} \wedge \ldots \wedge e_{i_p}) = \sum_{k=1}^{k=p} (-1)^k t_{i_k} e_{i_1} \wedge \ldots \wedge \hat{e}_{i_k} \wedge \ldots \wedge e_{i_p}$$

Lorsque la suite $(t_1 \ldots t_n)$ est O_X-régulière, il est bien connu que ce complexe est acyclique en degré $\neq 0$ (cf. par exemple [EGA III 1.1.4]), donc fournit une résolution de $O_X/(t_1 \ldots t_n).O_X$.

Soit alors $i : Y \longrightarrow X$ une immersion fermée régulière, définie localement par une suite O_X-régulière $(t_1 \ldots t_n)$.

Si $K^{\cdot}$ est le complexe de KOSZUL de O_X relatif aux (t_i), on a localement :

$$i_* i^!(F) = \underline{\underline{R}}\, \underline{Hom}_{O_X}(O_Y, F) \xrightarrow{\sim} \underline{Hom}_{O_X}(K^{\cdot}, F) \xrightarrow{\sim} K^{\cdot} \otimes F[-n].$$

Comme F est plat, ce complexe a tous ses objets de cohomologie nuls sauf en degré n, et $H^n(i^!(F))$ est isomorphe à $F/(t_1 \ldots t_n).F = i^*(F)$. Cet isomorphisme dépend du choix des (t_i) ; on voit sans peine que la tensorisation par $\omega_{Y/X}$ est "juste ce qu'il faut" pour qu'il en devienne indépendant. Les isomorphismes locaux ainsi obtenus sont alors compatibles, de sorte qu'ils se recollent et définissent un isomorphisme global : $\eta_i : i^!(F) \xrightarrow{\sim} i^*(F) \otimes \omega_{Y/X}[-n]$.

<u>Remarque</u>

Les isomorphismes $c_{f,g}$, $d_{f,u}$ et η_i possèdent évidemment toutes les propriétés de compatibilité qu'on peut imaginer vis-à-vis de la composition et du changement de base : cf. [2] pour un petit aperçu.

3. - Définition et propriétés élémentaires du résidu

Soient $f : X \rightarrow Y$ un morphisme lisse de dimension n d'espaces analytiques; supposons données n fonctions $t_1 \ldots t_n \in \Gamma(X, O_X)$ telles que le sous-espace analytique Z de X défini par l'idéal $I = (t_1 \ldots t_n)$ de O_X soit fini sur Y. Cette hypothèse entraîne les conséquences suivantes :

- la suite $(t_1 \ldots t_n)$ est O_X-régulière
- le morphisme $g : Z \rightarrow Y$ est plat.

(pour la démonstration, voir [EGA IV, 11])

Nous appellerons "cas absolu" le cas où Y est réduit à un point , avec le corps $\mathbb{C}$ comme faisceau structural. Dans ce cas X est simplement une variété analytique de dimension n, $t_1 \ldots t_n$ n fonctions holomorphes sur X, Z le sous-espace analytique de X défini par les équations $t_1 = \ldots = t_n = 0$; l'hypothèse sur $(t_1 \ldots t_n)$ est que Z est un espace fini, c'est-à-dire que les n sous-espaces analytiques de X définis par $t_i = 0$ $(1 \leqslant i \leqslant n)$ forment une "intersection complète" (on prendra garde qu'ils ne sont pas supposés se couper transversalement, c'est-à-dire que Z n'est pas nécessairement une sous-variété de X; on verra d'ailleurs que ce cas est trivial du point de vue adopté ici).

Le cas général, ou "cas relatif" , peut être considéré comme une "famille analytique de cas absolus" paramétrée par l'espace de base Y.

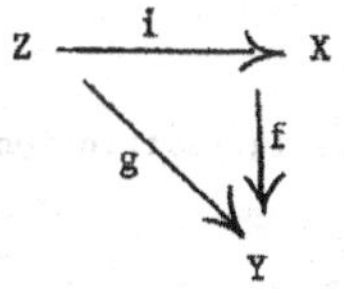

D'après le § 2, il existe un isomorphisme canonique :

$c_{i,f} : i^! f^!(O_Y) \longrightarrow g^!(O_Y)$.

Or comme l'immersion i est régulière

$i^! f^!(O_Y) = i^* \omega_{X/Y} \otimes_Z \omega_{Z/X}$; comme g est plat, $g_* g^!(O_Y) = \underline{\mathrm{Hom}}_{O_Y}(g_*(O_Z), O_Y)$.

L'homomorphisme naturel de O_Y dans $g_* O_Z$ définit un homomorphisme de $\underline{\mathrm{Hom}}_{O_Y}(g_*(O_Z), O_Y)$ dans O_Y, noté Ev_g ("évaluation" sur la section unité de $g_*(O_Z)$).
En composant, on trouve un morphisme :

$$\mathrm{Res}_{X/Y} : g_*(i^* \omega_{X/Y} \otimes_Z \omega_{Z/X}) \xrightarrow{c_{f,g}} g_* g^!(O_Y) \xrightarrow{Ev_g} O_Y$$

Comme la suite $(t_1 \ldots t_n)$ est régulière, les classes $\bar{t}_1 \ldots \bar{t}_n$ de $t_1 \ldots t_n$ dans I/I^2 (avec $I = (t_1 \ldots t_n)$) forment une base de cet O_Z-Module ; l'élément $\bar{t}_1 \wedge \ldots \wedge \bar{t}_n$ est donc un générateur de $\Lambda^n I/I^2$; soit

$\tau \in \Gamma(Z, \omega_{Z/X}) = \mathrm{Hom}_{O_Z}(\Lambda^n I/I^2, O_Z)$ la section qui vaut 1 sur ce générateur.

<u>Définition</u>. Soit $\omega \in \Gamma(X, \omega_{X/Y})$. On pose :

$$\mathrm{Res}_{X/Y} \begin{bmatrix} \omega \\ t_1 \ldots t_n \end{bmatrix} = \mathrm{Res}_{X/Y}(i^* \omega \otimes \tau)$$

C'est un élément de $\Gamma(Y, O_Y)$ ("résidu de ω par rapport à $t_1 \ldots t_n$").

<u>Remarque</u>. Dans le cas absolu, ω est une n-forme analytique au sens classique, et le résidu est un nombre complexe.
Dans le cas relatif, ω définit sur les fibres une n-forme, "paramétrée analytiquement" par l'espace de base ; le résidu dépend alors analytiquement du paramètre.

Pour énoncer les propriétés du résidu, on supposera toujours que les conditions assurant son existence sont effectivement satisfaites.

<u>THÉORÈME 4</u>

Le résidu possède les propriétés suivantes :

a. $\mathrm{Res}_{X/Y} \begin{bmatrix} \omega \\ t_1 \ldots t_n \end{bmatrix}$ est O_Y-linéaire en ω, et ne dépend que de la restriction de ω à Z.

b) Si $s_i = \sum_{j=1}^{j=n} c_{ij}\, t_j$ pour $1 \leqslant i \leqslant n$, avec $s_i, t_j, c_{ij} \in \Gamma(X, O_X)$:

$$\operatorname{Res}_{X/Y}\begin{bmatrix}\omega \\ t_1 \ldots t_n\end{bmatrix} = \operatorname{Res}_{X/Y}\begin{bmatrix}\det(c_{ij}).\omega \\ s_1 \ldots s_n\end{bmatrix}$$

En particulier , le résidu est alterné par rapport aux t_i .

c) Localisation sur Z : soient $(Z_\lambda)_{\lambda\in L}$ les composantes connexes de Z, et pour chaque λ U_λ un voisinage ouvert de Z_λ dans X ne rencontrant pas les Z_μ pour $\mu \neq \lambda$; alors :

$$\operatorname{Res}_{X/Y}\begin{bmatrix}\omega \\ t_1 \ldots t_n\end{bmatrix} = \sum_{\lambda\in L} \operatorname{Res}_{U_\lambda/Y}\begin{bmatrix}\omega/U_\lambda \\ t_1/U_\lambda \ldots t_n/U_\lambda\end{bmatrix}$$

d) Changement de base :

$$\begin{array}{ccc} X' = X \times_Y Y' & \xrightarrow{v} & X \\ \downarrow{\scriptstyle f'} & & \downarrow{\scriptstyle f} \\ Y' & \xrightarrow{u} & Y \end{array} \qquad \operatorname{Res}_{X'/Y'}\begin{bmatrix}v^*\omega \\ u^* t_1 \ldots u^* t_n\end{bmatrix} = u^* \operatorname{Res}_{X/Y}\begin{bmatrix}\omega \\ t_1 \ldots t_n\end{bmatrix}$$

e) Transitivité.

Soient $X \xrightarrow{f} Y \xrightarrow{g} Z$ deux morphismes lisses de dimensions respectives n et p, $\omega \in \Gamma(X, \Omega^n_{X/Y})$, $t_1 \ldots t_n \in \Gamma(X, O_X)$; $\omega_1 \in \Gamma(Y, \Omega^p_{Y/Z})$, $s_1 \ldots s_p \in \Gamma(Y, O_Y)$. Alors :

$$\operatorname{Res}_{X/Z}\begin{bmatrix}\omega\otimes f^*\omega_1 \\ t_1 \ldots t_n ;\ f^* s_1 \ldots f^* s_p\end{bmatrix} = \operatorname{Res}_{Y/Z}\begin{bmatrix}\omega_1 . \operatorname{Res}_{X/Y}\begin{bmatrix}\omega \\ t_1 \ldots t_n\end{bmatrix} \\ s_1 \ldots s_p\end{bmatrix}$$

(où $\omega \otimes f^* \omega_1$ désigne en fait l'image de $\omega \otimes f^* \omega_1$ par l'isomorphisme $\omega_{X/Y} \otimes_X f^* \omega_{Y/Z} \xrightarrow{\sim} \omega_{X/Z}$ de la proposition 1).

f) <u>Restriction</u>.

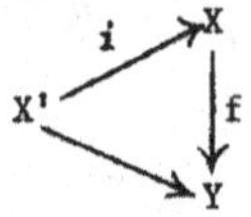

Soient $f : X \to Y$ un morphisme lisse de dimension n, $t_1 \dots t_n$ n sections de $\Gamma(X, O_X)$.

Supposons que le sous-espace analytique X' de X défini par $t_{p+1} \dots t_n$ soit lisse sur Y ; soit $\omega \in \Gamma(X, \Omega^{n-p}_{X/Y})$. Alors :

$$\mathrm{Res}_{X/Y}\begin{bmatrix} \omega \wedge dt_{p+1} \wedge \dots \wedge dt_n \\ t_1 \dots t_n \end{bmatrix} = \mathrm{Res}_{X'/Y}\begin{bmatrix} i^* \omega \\ i^* t_1 \dots i^* t_p \end{bmatrix}$$

Les démonstrations sont de nature essentiellement triviales, et résultent des propriétés de compatibilité du foncteur $f^!$. Indiquons par exemple celle du d. On pose $X' = X \times_Y Y'$, $Z' = Z \times_Y Y'$; on considère le diagramme :

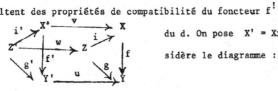

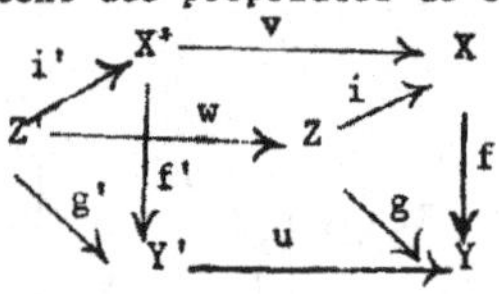

$$\begin{array}{ccccc}
u^* g_* i^! f^!(O_Y) & \xrightarrow{c_{i,f}} & u^* g_* g^!(O_Y) & \xrightarrow{Ev_g} & u^*(O_Y) \\
\downarrow & (1) & \downarrow & (3) & \\
g'_* w^* i^! f^!(O_Y) & \xrightarrow{c_{i,f}} & g'_* w^* g^!(O_Y) & & \downarrow \\
\downarrow & (2) & \downarrow & & \\
g'_* i'^! f'^!(O_{Y'}) & \xrightarrow{c_{i',f'}} & g'_* g'^!(O_{Y'}) & \longrightarrow & O_{Y'} \; ;
\end{array}$$

Le carré commutatif (1) est défini par l'isomorphisme fonctoriel $u^* g_* \xrightarrow{\sim} g'_* w^*$, le carré (2) à l'aide des isomorphismes de changement de base pour le foncteur $f^!$, ce qui entraîne sa commutativité ; de même pour le diagramme (3). L'ensemble du diagramme est donc commutatif. Partant de la section $i^* \omega \otimes \tau$ "en haut à gauche", on en déduit la formule d.

On va maintenant donner une expression plus explicite du résidu .

4. - Calculs explicites

Pour simplifier, on se place ici dans le cas absolu, la généralisation au cas relatif ne présentant d'ailleurs aucune difficulté.

On considère donc une variété analytique X de dimension n, n fonctions $t_1 \dots t_n \in \Gamma(X, \mathcal{O}_X)$, une n-forme $\omega \in \Gamma(X, \Omega_X^n)$. Le sous-espace Z de X défini par l'idéal $I = (t_1 \dots t_n)$ est alors fini; compte-tenu de la propriété c du théorème, on peut supposer Z réduit à un point z (le résidu global étant la somme des résidus en chaque point de Z).

Notations. $\mathcal{O}_x$ désignera l' anneau local de X au point z, $\mathcal{O}_z$ le "faisceau structural" de l'espace $\{z\}$ (c'est une $\mathbb{C}$-algèbre de rang fini sur $\mathbb{C}$), $\mathcal{O}_z \otimes \mathcal{O}_x$ le produit tensoriel sur $\mathbb{C}$ de ces deux algèbres. Pour tout $f \in \mathcal{O}_x$, on notera $\overline{f}$ la classe de f dans $\mathcal{O}_z = \mathcal{O}_x / I_x$; si $\varphi : \mathcal{O}_z \otimes \mathcal{O}_x \longrightarrow \mathcal{O}_z$ est l'homomorphisme de $\mathbb{C}$-algèbres défini par $\varphi(f \otimes g) = \overline{f}.\overline{g}$, on pose $K = \mathrm{Ker}(\varphi)$: c'est un idéal de $\mathcal{O}_z \otimes \mathcal{O}_x$.

Soit $(dz_1 \dots dz_n)$ une base de $(\Omega_X^1)_x$ (module des germes de formes différentielles sur X au point z), avec $z_1 \dots z_n \in \mathcal{O}_x$; posons $V_i = 1 \otimes z_i - \overline{z}_i \otimes 1$ $(1 \leq i \leq n)$: les V_i sont des éléments de K, puisque $\varphi(V_i) = 0$.

LEMME 1

Les (V_i) engendrent K et forment une suite $\mathcal{O}_z \otimes \mathcal{O}_x$ régulière.

Pour vérifier que les V_i engendrent K, il suffit par le lemme de NAKAYAMA de vérifier que leurs classes $\dot{V}_i$ dans K/K^2 engendrent cet $\mathcal{O}_z$-module ; ceci résulte de l'isomorphisme bien connu $K/K^2 \xrightarrow{\sim} (\Omega_X^1)_x \otimes_{\mathcal{O}_x} \mathcal{O}_z$, qui envoie $\dot{V}_i$ sur $dz_i \otimes 1$. Le fait que la suite soit $\mathcal{O}_z \otimes \mathcal{O}_x$-régulière est une propriété classique des morphismes lisses ([EGA IV, 17.12]).

Les complexes de KOSZUL de θ_x relativement aux (t_i) et de $\theta_z \otimes \theta_x$ relativement aux (V_i) fournissent donc deux résolutions de θ_z par des θ_x-modules libres de type fini. L'application identique de θ_z se prolonge (CARTAN-EILENBERG) en un morphisme de complexes $W^\cdot$, unique à équivalence d'homotopie près :

$$\begin{array}{ccccccccccc}
0 \to & \Lambda^n(\theta_z \otimes \theta_x)^n & \to & \overset{(v_i)}{\cdots} & \to & \Lambda^1(\theta_z \otimes \theta_x)^n & \to & \theta_z \otimes \theta_x & \to & \theta_z & \to \theta \\
& \downarrow w_n & & & & \downarrow w_1 & & \downarrow w_o & & \downarrow 1 & \\
0 \to & \Lambda^n(\theta_x^n) & \to & \overset{(t_i)}{\cdots} & \to & \Lambda^1(\theta_x^n) & \to & \theta_x & \to & \theta_z & \to \theta
\end{array}$$

On déduit de w_n un $\mathbb{C}$-endomorphisme $\tilde{w}_n$ de θ_z :

$$\tilde{W}_n \ : \ \theta_z \xrightarrow{f \mapsto f \otimes 1} \theta_z \otimes \theta_x \xrightarrow{w_n} \theta_x \longrightarrow \theta_z \ .$$

THÉORÈME 5

Soit $f \in \Gamma(X, O_X)$. Alors : $\operatorname{Res}_X \begin{bmatrix} f\, dz_1 \wedge \dots \wedge dz_n \\ t_1 \quad \dots \quad t_n \end{bmatrix} = \operatorname{Tr}(\overline{f}_z \circ \check{w}_n)$

où $\overline{f}_z$ désigne l'image de f dans θ_z, considérée comme $\mathbb{C}$-endomorphisme de θ_z, et où "Tr" est la trace ordinaire d'un endomorphisme d'espace vectoriel.

La démonstration, un peu fastidieuse, consiste simplement à expliciter la définition de l'homomorphisme $c_{i,f}$ donnée au § 2 ; elle est laissée au lecteur.

Remarques

Le théorème donne une définition explicite du résidu : les fonctions $t_1, \dots, t_n$ étant données sur X, on peut calculer effectivement un homomorphisme de complexes $w^\cdot$, en relevant pas à pas les vecteurs de base. Par contre, je ne connais pas de formule générale donnant le morphisme de complexes $w^\cdot$ en fonction des (t_i), sauf dans certains cas particuliers : le cas où les fonctions t_i sont des puissances de coordonnées locales sera examiné plus loin ; signalons aussi le cas de la dimension 1 ([6]) .

Dans le cas général, on peut expliciter un "inverse" (à homotopie près) de $w^{\cdot}$. En effet, comme les éléments $1 \otimes t_i$ de $\theta_z \otimes \theta_x$ appartiennent à K , il existe d'après le lemme 1 n^2 éléments d_{ij} $(1 \leqslant i, j \leqslant n)$ de $\theta_z \otimes \theta_x$ tels que :

$$(1) \qquad 1 \otimes t_i = \sum_{j=1}^{j=n} d_{ij} \, v_j \qquad (1 \leqslant i \leqslant n) .$$

La matrice des (d_{ij}) définit une application θ_x-linéaire de θ_x^n dans $(\theta_z \otimes \theta_x)^n$; on vérifie sans peine que ses puissances extérieures définissent un morphisme de complexes :

$$\begin{array}{ccccccccccc}
0 & \longrightarrow & \Lambda^n \theta_x^n & \xrightarrow{(t_i)} & \cdots & \longrightarrow & \Lambda^1 \theta_x^n & \longrightarrow & \theta_x & \longrightarrow & \theta_z & \longrightarrow & 0 \\
 & & \downarrow{\scriptstyle \Lambda^n(d_{ij})} & & & & \downarrow{\scriptstyle (d_{ij})} & (*) & \downarrow & & \downarrow & & \\
0 & \longrightarrow & \Lambda^n(\theta_x \otimes \theta_z)^n & \xrightarrow{(v_j)} & \cdots & \longrightarrow & \Lambda^1(\theta_z \otimes \theta_x)^n & \longrightarrow & \theta_z \otimes \theta_x & \longrightarrow & \theta_z & \longrightarrow & 0
\end{array}$$

(pour vérifier la commutativité, on est ramené par une propriété d'algèbre extérieure à vérifier celle du carré $(*)$; celle-ci résulte de la formule (1)) .

Le composé de ce morphisme avec $w^{\cdot}$ est homotope à l'identité ; ceci se traduit en degré $-n$ par l'existence de n applications θ_x-linéaires h_i $(1 \leqslant i \leqslant n)$ de $\theta_z \otimes \theta_x$ dans lui-même, telles que :

$$\det(d_{ij}) . \, w_n(a) - a = \sum_{i=1}^{n} h_i(v_i \, a) \quad \text{pour tout } a \in \theta_z \otimes \theta_x .$$

Désignons par $\tilde{h}_i$ le morphisme $\theta_z \longrightarrow \theta_z \otimes \theta_x \xrightarrow{h_i} \theta_z \otimes \theta_x \xrightarrow{\varphi} \theta_z$; en faisant $a = \alpha \otimes 1$ $(\alpha \in \theta_z)$ dans l'égalité précédente et en prenant les classes dans θ_z, on trouve :

$$\det(\varphi(d_{ij})).\ \tilde{w}_n(\alpha) - \alpha = \sum_{i=1}^{n} \left[\bar{z}_i\ \tilde{h}_i(\alpha) - \tilde{h}_i(\bar{z}_i\alpha)\right]$$

soit, en multipliant par un élément $\bar{f}$ de θ_z, et en identifiant un élément de θ_z au $\mathbb{C}$-endomorphisme de θ_z qu'il définit par multiplication :

$$\bar{f}.\ \det\left[\varphi(d_{ij})\right]\ \tilde{w}_n - \bar{f} = \sum_{i=1}^{n} (\bar{z}_i . \bar{f} . \tilde{h}_i - \bar{f} . \tilde{h}_i \circ \bar{z}_i)$$

L'endomorphisme à droite du signe égal est de trace nulle, donc :

$\mathrm{Tr}(\bar{f}.\ \det(\varphi(d_{ij})).\ \tilde{w}_n) = \mathrm{Tr}(\bar{f})$ (2) .

Or (1) donne, en prenant les classes modulo K^2 et en utilisant l'isomorphisme $K/K^2 \xrightarrow{\sim} (\Omega^1_X)_x \otimes_{\theta_x} \theta_z$:

$$dt_i \otimes 1 = \sum_{j=1}^{n} dz_j \otimes \varphi(d_{ij}) \qquad (1 \leqslant i \leqslant n)$$

d'où $\det(\varphi(d_{ij})) = \overline{\det(\frac{\partial t_i}{\partial z_j})}$. Le théorème 5 et la formule (2) donnent alors :

<u>THÉORÈME 6</u>

Avec les notations habituelles, soit $t_1, \ldots, t_n$, $f \in \Gamma(X, O_X)$.

Alors : $\mathrm{Res}_X \begin{bmatrix} f & dt_1 \wedge \ldots \wedge dt_n \\ t_1 & \ldots\ t_n \end{bmatrix} = \mathrm{Tr}(\bar{f}_z)$

Cette formule montre entre autres que la notion de résidu introduite ici est triviale pour des "points simples", c'est-à-dire dans le cas où Z est une sous-<u>variété</u> analytique (de dimension 0) de X. Dans ce cas, en effet, $t_1 \ldots t_n$ forment un système de coordonnées locales au voisinage de chaque point z de Z ; une forme ω quelconque s'écrit $f\ dt_1 \wedge \ldots \wedge dt_n$ au voisinage de z, et le théorème 6 montre que le résidu en z de ω par rapport à $t_1, \ldots, t_n$ est $f(z)$.

<u>THÉORÈME 7</u>

Soit $(z_1, \ldots, z_n)$ un système de coordonnées dans un ouvert U de X,

$f \in \Gamma(U, O_U)$. Alors $\mathrm{Res}_U \begin{bmatrix} f\ dz_1 \wedge \ldots \wedge dz_n \\ z_1^{k_1} \ldots z_n^{k_n} \end{bmatrix}$ est égal au coefficient de $z_1^{k_1-1} \ldots z_n^{k_n-1}$ dans le développement en série entière de f.

COROLLAIRE 1.

$$\mathrm{Res}_U \begin{bmatrix} dz_1 \wedge \ldots \wedge dz_n \\ z_1^{k_1} \ldots z_n^{k_n} \end{bmatrix} = 0 \text{ dès qu'un des } k_i \text{ est} > 1.$$

Si $\omega \in \Gamma(U, \Omega_U^{n-1})$:

$$\mathrm{Res}_U \begin{bmatrix} d\omega \\ z_1^{k_1} \ldots z_n^{k_n} \end{bmatrix} = \sum_{i=1}^{n} k_i \ \mathrm{Res}_U \begin{bmatrix} dz_i \wedge \omega \\ z_1^{k_1} \ldots z_i^{k_i+1} \ldots z_n^{k_n} \end{bmatrix}$$

Le corollaire se déduit immédiatement du théorème (pour la seconde partie , écrire par exemple $\omega = f\, dz_2 \wedge \ldots \wedge dz_n$) .

Démonstration du théorème: les notations sont toujours celles du théorème 5; on a $\theta_x = \mathbb{C}\{\{z_1 \ldots z_n\}\}$, $\theta_z = \mathbb{C}[\zeta_1 \ldots \zeta_n]$ avec $\zeta_i^{k_i} = 0$ $(1 \leq i \leq n)$, $v_i = 1 \otimes z_i - \zeta_i \otimes 1$; soit $(e_1 \ldots e_n)$(resp. $(f_1 \ldots f_n)$) la base canonique de $(\theta_z \otimes \theta_x)^n$ (resp. θ_x^n). Une base du θ_x-module $\wedge^p(\theta_z \otimes \theta_x)^n$ est donnée par les

$$\zeta_1^{\alpha_1} \ldots \zeta_n^{\alpha_n} e_{i_1} \wedge \ldots \wedge e_{i_p} \quad (0 \leq \alpha_1 < k_1, \ldots, 0 \leq \alpha_n < k_n \ ; \ i_1 < \ldots < i_p) .$$

On va définir explicitement le morphisme de complexes w$^\cdot$:

$$\begin{array}{ccccccc} \ldots \longrightarrow & \wedge^p(\theta_z \otimes \theta_x)^n & \xrightarrow{(v_i)} & \wedge^{p-1}(\theta_z \otimes \theta_x)^n & \longrightarrow \ldots \\ & \downarrow w_p & (*) & \downarrow w_{p-1} & \\ \ldots \longrightarrow & \wedge^p(\theta_x^n) & \xrightarrow{(t_i)} & \wedge^{p-1}(\theta_x)^n & \longrightarrow \ldots \end{array}$$

en posant :

- Si $\alpha_{i_1} = k_{i_1} - 1$, ..., $\alpha_{i_p} = k_{i_p} - 1$:

$$W_p(\zeta_1^{\alpha_1} \dots \zeta_n^{\alpha_n} e_{i_1} \wedge \dots \wedge e_{i_p}) = z_{j_1}^{\alpha_{j_1}} \dots z_{j_{n-p}}^{\alpha_{j_{n-p}}} f_{i_1} \wedge \dots \wedge f_{i_p}$$

(avec $\{j_1 \dots j_{n-p}\} = [1, n] - \{i_1 \dots i_p\}$)

- Sinon (i.e. s'il existe λ tel que $\alpha_{i_\lambda} < k_{i_\lambda} - 1$) :

$$W_p(\zeta_1^{\alpha_1} \dots \zeta_n^{\alpha_n} e_{i_1} \wedge \dots \wedge e_{i_p}) = 0 .$$

La vérification de la commutativité de (*) pour $1 \leqslant p \leqslant n$ et du fait que $w^\cdot$ induit sur la cohomologie l'application identique de Θ_z est un simple exercice de calcul.

En particulier, l'endomorphisme $\tilde{w}_n$ est défini sur la base $\zeta_1^{\alpha_1} \dots \zeta_n^{\alpha_n}$ $(0 \leqslant \alpha_1 < k_1, \dots, 0 \leqslant \alpha_n < k_n)$ de Θ_z par $\tilde{w}_n(\zeta_1^{k_1 - 1} \dots \zeta_n^{k_n - 1}) = 1$ et $\tilde{w}_n = 0$ sur les autres vecteurs de base ; ainsi $\mathrm{Tr}\,(\overline{f}_z \tilde{w}_n)$ est simplement la composante de $\overline{f}_z$ suivant le vecteur $\zeta_1^{k_1 - 1} \dots \zeta_n^{k_n - 1}$, d'où le résultat.

Remarques

1) Le corollaire 1 est vrai sans supposer que les (z_i) sont des coordonnées locales ; la démonstration, plus délicate, se déduit de la forme donnée ici en utilisant les propriétés des "traces" de forme différentielles (définies dans [2]).

2) Sur une surface de RIEMANN (n = 1) , où toute fonction est localement une puissance de coordonnée locale, le théorème 7 s'écrit :

$\mathrm{Res}_X \begin{bmatrix} \omega \\ t \end{bmatrix} = \sum_{\alpha \in Z} \mathrm{Res}_\alpha \left(\frac{\omega}{t}\right)$ le résidu à droite étant pris au sens classique. On notera que dans ce cas, l'homomorphisme w_1 du théorème 5 peut se calculer explicitement ; on retrouve ainsi l'expression du résidu donnée dans [6] .

Calcul du résidu

Le théorème 7 donne un moyen de calcul effectif du résidu en un point. Soient en effet $(t_1, \ldots, t_n)$ n fonctions de $\Gamma(X, O_X)$, tel que le sous-espace défini par $(t_1 \ldots t_n)$ soit réduit à un point $\{z\}$, d'image x dans X ; l'idéal $(t_1 \ldots t_n)$ est donc un idéal de définition de Θ_x, c'est dire qu'il contient une puissance de l'idéal maximal.

Autrement dit, si $(z_1 \ldots z_n)$ est un système de coordonnées locales en x, il existe un entier $r \geqslant 1$ tel que : $(z_1 \ldots z_n)^r \subset (t_1 \ldots t_n)$

il existe donc n^2 sections a_{ij} de O_X, définies dans un voisinage U de x

telles que : $z_i^r = \sum_{j=1}^{n} a_{ij} \; t_j \quad (1 \leqslant i \leqslant n)$

d'après le théorème 4, b, on a :

$$\mathrm{Res}_x \begin{bmatrix} \omega \\ t_1 \ldots t_n \end{bmatrix} = \mathrm{Res}_U \begin{bmatrix} \det(a_{ij}).\omega \\ z_1^r \ \ldots \ z_n^r \end{bmatrix}$$

---

et on peut alors appliquer le théorème 7. Ceci permet d'énoncer une propriété d'unicité:

COROLLAIRE 2. Le résidu dans le cas absolu est caractérisé par les propriétés a, b, c du théorème 4 ($\mathbb{C}$-linéarité, formule du déterminant, localisation sur Z) et par la formule de normalisation suivante (pour un système de coordonnées locales $z_1 \ldots z_n$) :

$$\mathrm{Res}_X \begin{bmatrix} dz_1 \wedge \ldots \wedge dz_n \\ z_1^{k_1} \ \ldots \ z_n^{k_n} \end{bmatrix} = \begin{cases} 1 & \text{si } k_1 = \ldots = k_n = 1 \\ 0 & \text{s'il existe } i,\ k_i > 1 . \end{cases}$$

Dans le cas général, on voit facilement que le résidu est caractérisé par les propriétés précédentes et la formule de changement de base.

Exemple de calcul: $X = \mathbb{C}^2$, coordonnées U, V; résidu à l'origine de

$\omega = \sum_{i,j} a_{ij} U^i V^j \, dU \wedge dV$ par rapport à $F = U^3 + V^2$, $G = UV - 2V^3$.

On remarque que $2VF + G = UV(1 + 2U^2)$, d'où :

$$U^4 = UF - V \cdot \frac{2VF + G}{1 + 2U^2} = F \cdot \frac{U + 2U^3 - 2V^2}{1 + 2U^2} - G \cdot \frac{V}{1 + 2U^2}$$

$$V^3 = 1/2 \left[\frac{2VF + G}{1 + 2U^2} - G\right] = F \cdot \frac{V}{1 + 2U^2} - G \cdot \frac{U^2}{1 + 2U^2}$$

On calcule le déterminant de ce système modulo (U^4, V^3) (à cause du théorème 4, a) ; on trouve :

$$\operatorname{Res}_{(o,o)} \begin{bmatrix} \omega \\ F , G \end{bmatrix} = \operatorname{Res}_{(o,o)} \begin{bmatrix} [-U^3+V^2-2U^2V^2]\omega \\ U^4, V^3 \end{bmatrix} = - a_{o,2} + a_{3,o} - 2a_{1,o}$$

BIBLIOGRAPHIE

[1] Séminaire CARTAN 1960-61.

[2] HARTSHORNE (R.). - Residues and Duality . Springer-Verlag, n° 20, 1966.

[3] VERDIER (J.-L.). - Catégories dérivées des catégories abéliennes (à paraître)

[4] VERDIER (J.-L.). - Base change for twisted inverse image of coherent sheaves. Proceedings of the Bombay colloquium on Algebraic Geometry , 1968.

[5] RAMIS, RUGET, VERDIER. - Théorème de dualité en Géométrie analytique (à paraître).

[6] TATE (J.). - Residues of differentials on curves. Annales scientifiques de l'E.N.S., 4e série, t. 1, fasc. 1, 1968.

[EGA] Éléments de Géométrie algébrique (Publ. Math. I.H.E.S.).

Séminaire P.LELONG
(Analyse)
10e année, 1969/70 13 Mai 1970

SUR LA COHOMOLOGIE DU COMPLÉMENTAIRE D'UNE HYPERSURFACE

par G. R O B I N

On montre le (voir [5] page 88 et [6]).

THÉORÈME 1. - *Soit X une variété analytique complexe paracompacte, S un sous-ensemble analytique de X, simple; alors toute forme fermée C^∞ sur $X \setminus S$ est cohomologue dans $X \setminus S$ à une forme ψ semi-méromorphe sur X à pôles simples sur S.*

Si X est de Stein, on peut choisir ψ méromorphe.

Ce théorème est l'énoncé explicite de l'épimorphisme contenu dans les théorèmes 2,et 3 ci-dessous.

1 - Notations et définitions

- Un ensemble analytique S d'une variété X est dit simple si pour tout x de S il existe un voisinage V(x) dans X, un système de coordonnées locales dans V(x) soit (z_i), un nombre $r = r(x)$ tels que

$$S \cap V(x) = \{y;\ y \in V(x);\ z_1 z_2 \ldots z_r(y) = 0\}$$

- Soit $m^{p,q}_{x,S}$ l'espace vectoriel des germes de (p, q) formes semi-méromorphes à pôles dans S c'est-à-dire :

$$\omega \in m^{p,q}_{x,S} \Longleftrightarrow \omega = f^{-1}\, \phi^{p,q}$$

$\phi^{p,q}$ étant un germe de (p, q) forme C^∞ et f un germe de fonction holomorphe s'annulant sur S.

- Si $I = (i_1, \ldots, i_k)$ on pose

$$d z_I = d z_{i_1} \wedge \ldots \wedge d z_{i_k}$$

$$z_I = z_{i_1} \times \ldots \times z_{i_k}$$

On désigne par $\tilde{m}^{p,q}_{x,S}$ le sous-espace vectoriel de $m^{p,q}_{x,S}$ des éléments s'écrivant :

$$\omega = \phi^{p,q} + \sum_{\substack{I \in \mathcal{P}\{1,\dots,r\} \\ o < \mathrm{card}\, I \leq \min(p,r)}} z_I^{-1}\, d\, z_I \wedge \phi_I$$

$\phi^{p,q}$ et les ϕ_I sont des germes de formes C^∞

Il existe un voisinage $W(x) \subset V(x)$, des formes $\phi'^{p,q}$, ϕ'_I, f' dont les germes en x sont respectivement $\phi^{p,q}$, ϕ_I, f tels que si $\omega' = f'^{-1}\, \phi'^{p,q}$ (resp. $\omega' = \phi'^{p,q} + \Sigma\, z_I^{-1}\, d\, z_I \wedge \phi'_I$) alors les germes en $y \in W(x)$ de ω' soient dans $m^{p,q}_{y,S}$ (resp $\tilde{m}^{p,q}_{y,S}$).

Donc $m^{p,q}_S = \bigcup_{y \in X} m^{p,q}_{y,S}$ et $\tilde{m}^{p,q}_S = \bigcup_{y \in X} m^{p,q}_{y,S}$

sont des sous-faisceaux du faisceau des germes de (p, q) formes semi-méromorphes.

Posons $n^{p,q}_S = \sum_{t \geq o} m^{p+t,q-t}_S$

$$\tilde{n}^{p,q}_S = \sum_{t \geq o} \tilde{m}^{p+t,q-t}_S$$

– Si $A^{p,q}$ désigne le faisceau des germes de (p, q) formes C^∞ soit

$$B^{p,q} = \sum_{t \geq o} A^{p+t,q-t}$$

et $B^{p,q}_S$ le faisceau sur X engendré par le préfaisceau

$$U \mapsto \Gamma(U \setminus S,\, B^{p,q})$$

– Remarquons que l'opérateur de différentiation d est bien défini de $\tilde{n}^{p,q}_S$ dans $\tilde{n}^{p,q+1}_S$

Désignons par $B^{p,*}_S$, $n^{p,*}_S$, $\tilde{n}^{p,*}_S$ les complexes de faisceaux. Nous avons $\tilde{n}^{p,*}_S \xrightarrow{i} n^{p,*}_S \xrightarrow{j} B^{p,*}_S$ où j désigne la restriction; donc un homomorphisme naturel de $H^q(\Gamma(X, \tilde{n}^{p,*}_S))$ dans $H^q(\Gamma(X, B^{p,*}_S))$ donc dans $H^q(X \setminus S, E^p)$ E^p désignant le faisceau des germes de p-formes holomorphes d fermées.

On a le

THÉORÈME 2 - L'homomorphisme naturel de $H^q(\Gamma(X, \tilde{n}_S^{o,*}))$ dans $H^q(X \setminus S, C)$ est un isomorphisme si S est un sous-ensemble analytique simple.

La démonstration du théorème utilise la proposition suivante (3 th. 4.6.2.).

Proposition - Soient X un espace paracompact, E et E' deux complexes de faisceaux acycliques et h un morphisme de E dans E'.

Si $h^* : \mathcal{H}(E) \to \mathcal{H}(E')$ est un isomorphisme alors l'homomorphisme naturel h' de $\Gamma(X, E)$ dans $\Gamma(X, E')$ induit un isomorphisme h'^* entre les groupes de cohomologie de ces deux complexes.

On prend alors $E = \tilde{n}_S^{o,*}$ et $E' = B_S^{o,*}$; les faisceaux considérés sont fins donc acycliques.

Les lemmes techniques qui suivent montrent que $(j \circ i)^*$ est un isomorphisme Comme dans le cas où $x \notin S$ on a $\tilde{n}^{o,q}_{x,S} = n^{o,q}_{x,S} = B^{o,q}_{x,S} = B^{o,q}_x$ il suffit d'étudier le cas où $x \in S$. Nous allons montrer que i^* et j^* sont des isomorphismes.

2 - Étude de $\mathcal{H}(n_S^{p,*})$ et de $\mathcal{H}(\tilde{n}_S^{p,*})$

On généralise des résultats de (2 - II) et (5)
On connait le résultat élémentaire : Si ν est un germe de forme C^∞ telle que $dz \wedge \nu = 0$, si z peut être pris comme coordonnée alors $\nu = dz \wedge A$, A étant une forme C^∞. Si de plus ν est holomorphe alors A peut être choisie holomorphe.

Les lemmes suivants ne seront pas pour le résultat final utilisés sous leur forme générale.

Définition - On dit que le germe en x de (p, q) forme θ vérifie la propriété $P(\ell, T)$ si et seulement si :

1°) T est un germe d'ensemble analytique en x ne contenant aucune des composantes irréductibles $(S_i)_x$

pour $i \leq \ell$ $(S_i = \{z_i = o\})$

2°) $\theta = \nu + \sum_{\substack{I \in \{1 \ldots \ell\} \\ o < \mathrm{card}\, I \leq \min(\ell, p)}} z_I^{-1} \, d z_I$

où ν et ϕ sont des germes de formes semi-méromorphes à pôles dans T_x.

On dit que $\theta \in n_{x,S}^{p,q}$ vérifie $P(\ell, T)$ s'il en est ainsi de toutes ses composantes.

Remarquons alors que " θ vérifie $P(r, \Phi)$ " est équivalent à " $\theta \in \tilde{n}_{x,S}^{p,q}$ "

Lemme 1 - z étant une fonction holomorphe telle que z, $z_1, \ldots z_\ell$ puissent être $(\ell + 1)$ fonctions d'un système de coordonnées, soit $\omega = z^{-k} \theta$, $k \geq 1$, θ vérifiant $P(\ell, T)$

Supposons que $d\omega = z^{-k+i} \nu$ $o \leq i \leq k$, ν vérifiant $P(\ell, T)$ alors $\omega = z^{-k} dz \wedge A + z^{-k+1} B$, A et B vérifiant $P(\ell, T)$ et ne contenant pas dz.

Si ω est une 0-forme, A est nulle.

Si ω est méromorphe, A et B peuvent être choisis de même.

Ecrivons $z_1 \times \ldots \times z_\ell = g$

et si f est une fonction holomorphe s'annulant sur T_x.

$$\theta = (f\, g)^{-1} \alpha$$

$$d\theta = (f^2\, g)^{-1} \beta$$

$$\nu = (f^2\, g)^{-1} \mu \qquad \alpha, \beta, \mu \text{ étant } C^\infty$$

Par suite $d\theta = d(\omega z^k) = k\, z^{k-1}\, dz \wedge \omega + z^i \nu$ (1)

Soit $dz \wedge (d\theta - z^i \nu) = 0$

$dz \wedge (\beta - z^i \mu) = 0$

d'où $\beta - z^i \mu = dz \wedge \delta$ $\qquad \delta$ étant C^∞

$$d\theta = z^i \nu + dz \wedge \delta\, (f^2\, g)^{-1} \qquad (2)$$

(1) et (2) donnent $dz \wedge \left(k\, z^{k-1}\, \omega - (f^2\, g)^{-1} \delta\right) = 0$ (3)

$$dz \wedge \left(k\, f^2\, g\, z^k\, \omega - \delta\, z\right) = 0$$

d'où $k f^2 g z^k \omega - \delta z = d z \wedge \lambda$ $\qquad \lambda$ étant C^∞

Soit $\omega = z^{-k} d z \wedge A + z^{-k+1} B$, A et B sans d z.
D'après la forme de ω, A et B vérifie $P(\ell, T)$
Si ω est degré 0 (3) donne $\omega = z^{-k+1} B$.

Dans toute la démonstration si ω est méromorphe on peut remplacer C^∞ par holomorphe.

<u>Lemme 2</u> - <u>Si on suppose de plus</u> :

$$k - i \geq 1 \quad \text{et} \quad i > o$$

<u>alors</u> $$\omega = d(z^{1-k} \alpha_i) + z^{-k+i} d z \wedge A_i + z^{-k+i+1} B_i ,$$

α_i , A_i , B_i <u>vérifiant</u> $P(\ell , T)$ <u>et ne contenant pas</u> d z

<u>Si</u> ω <u>est méromorphe</u>, α_i , A_i et B_i <u>peuvent être choisis de même</u>.

<u>Si</u> ω <u>est une 0-forme</u>, α_i <u>et</u> A_i <u>sont nuls</u>.

k étant supérieur à 1, on peut écrire d'après le lemme précédent

$$\omega = d\left(\frac{1}{1-k} \frac{1}{z^{k-1}} A\right) - \frac{1}{z^{k-1}}\left(\frac{1}{1-k} d A - B\right)$$

A vérifie $P(\ell, T)$ donc il en est de même de d A.

$$\omega = d(z^{1-k} A') + z^{1-k} \theta',$$

θ' vérifiant $P(\ell, T)$
$z^{1-k} \theta'$ vérifie les hypothèses du lemme 1. Après (i -1) applications du lemme 1 on arrive au résultat.

<u>Lemme 3</u> - <u>Si</u> $(p, q) \neq (o, o)$; <u>soit</u> $\omega \in n^{p,q}_{x,S}$ <u>telle que</u> $d \omega \in \tilde{n}^{p,q+1}_{x,S}$ <u>alors il existe</u> $\psi \in \tilde{n}^{p,q}_{x,S}$ et $\chi \in n^{p-1,q}_{x,S}$
($\chi \in n^{o,q-1}_{x,S}$ <u>si</u> $p = o$)
<u>telles que</u> $\omega = \psi + d \chi$

<u>Si</u> $\omega \in n^{o,o}_{x,S}$ <u>et</u> $d \omega \in \tilde{n}^{o,1}_{x,S}$ <u>alors</u> $\omega \in \tilde{n}^{o,o}_{x,S}$.

Faisons une démonstration par récurrence pour $(p, q) \neq (o, o)$.

Supposons que $\omega = d\beta + \theta$ avec θ vérifiant $P(\ell, S^{(\ell+1)})$
où $S^{(\ell+1)} = S_{\ell+1} \cup \dots \cup S_r$, $\beta \in n^{p-1,q}_{x,S}$ et montrons que

$$\omega = d\beta' + \theta' \quad \text{avec } \theta' \text{ vérifiant } P(\ell+1, S^{(\ell+2)})$$

Ecrivons $\omega = d\beta + z^{-k}_{\ell+1}\, \theta_1$, θ_1 vérifiant $P(\ell, S^{(\ell+2)})$

En appliquant le lemme 2 pour $i = k-1$ il vient :

$$\omega = d\beta + d(z^{1-k}_{\ell+1}\,\alpha) + z^{-1}_{\ell+1}\, d z_{\ell+1} \wedge A + B$$

D'où $\omega = d\beta' + \theta'$ θ' vérifiant $P(\ell+1, S^{(\ell+2)})$

La supposition étant vraie à l'ordre o, on peut écrire

$$\omega = \psi + d\chi \quad \text{avec } \psi \text{ vérifiant } P(r, S^{(r+1)}) \text{ soit}$$

$$\psi \in \tilde{n}^{p,q}_{x,S}$$

Si $\omega \in n^{o,o}_{x,S}$ alors d'après le lemme 2 ω est C^∞ donc $\omega \in \tilde{n}^{o,o}_{x,S}$

<u>Lemme 4</u> - <u>Soit</u> $\omega \in n^{p,q}_{x,S}$ <u>d-fermée</u>, $\dim_C X = n$

a) <u>Si</u> $p+q > n$ ω <u>est exacte</u>

b) <u>Si</u> $p+q \lneq n$ $q \neq 0$ ω <u>est cohomologue à un germe de forme méromorphe</u>.

$q = 0$ ω <u>est méromorphe</u>.

écrivons $\omega = z^{-1}(\omega^{p,q} + \omega^{p+1,q-1} + \dots + \omega^{n,p+q-n})$ (a)

ou $\omega = z^{-1}(\omega^{p,q} + \dots\dots \quad \dots + \omega^{p+q,o})$ (b)

z holomorphe

On a

(1) $d''\,\omega^{p,q} = o$

(2) $d'(z^{-1}\,\omega^{p,q}) + d''(z^{-1}\,\omega^{p+1,q-1}) = o$

(3) $d'(z^{-1}\,\omega^{p+1,q-1}) + d''(z^{-1}\,\omega^{p+2,q-2}) = o$

. . . .

(a) $(n-p)$ $d'(z^{-1}\,\omega^{n-1,p+q-n+1}) + d''(z^{-1}\,\omega^{n,p+q-n}) = o$

(a) $(n-p+1)$ $d'(z^{-1}\,\omega^{n,p+q-n}) = o$

. . . .

(b) $(q+1)$ $d'(z^{-1}\,\omega^{p+q-1,1}) + d''(z^{-1}\,\omega^{p+q,o}) = o$

(b) $(q+2)$ $d'(z^{-1}\,\omega^{p+q,o}) = o$

(1) donne $\omega^{p,q} = d'' \pi^{p,q-1}$

(2) donne $d'' \left(z^{-1} \omega^{p+1,q-1} - d'(z^{-1} \pi^{p,q-1})\right) = o$

soit $z^{-1} \omega^{p+1,q-1} - d'(z^{-1} \pi^{p,q-1}) = d''(z^{-2} \pi^{p+1,q-2})$

Dans le cas (a) (n -p) donne

$z^{-1} \omega^{n,p+q-n} - d'(z^{-(n-p-1)} \pi^{n-1,p+q-n}) = d''(z^{-(n-p)} \omega^{n,p+q-n-1})$

d'où

$d(z^{-1} \pi^{p,q-1} + z^{-2} \pi^{p+1,q-2} + \dots + z^{-(n-p)} \pi^{n,p+q-n-1}) = \omega$

Dans le cas (b) (q + 1) donne

$$d'' \left(z^{-1} \omega^{p+q,o} - d'(z^{-q} \pi^{p+q-1,o})\right) = o$$

Donc $z^{-1} \omega^{p+q,o} - d'(z^{-q} \pi^{p+q-1,o})$ est méromorphe.

Soit $z^{-(q+1)} \pi^{p+q}$

(q + 2) donne $z^{-(q+1)} \pi^{p,q}$ d fermée

D'où $d(z^{-1} \pi^{p,q-1} + \dots + z^{-q} \pi^{p+q-1,o}) + z^{-(q+1)} \pi^{p,q} = \omega$

Lemme 5 - L'espace vectoriel $\mathcal{H}^q(\Omega_S^{p,*})_x$ est

- nul si $p + q > r$
- engendré par les formes ω_I avec card $I = p + q$ si $p + q \leq r$ et $q \neq o$
- engendré par les formes ω_I avec card $I = p$, modulo les différentielles des éléments de $\Omega_{x,S}^{p-1,o}$ si $q = o$, $p < r$.
- égal à C si $p = q = o$.

- Si $p + q > n$, d'après le lemme 4 $\mathcal{H}^q(\Omega^{p,*})_x = o$.

Prenons maintenant $p + q \leq n$; soit $\omega \in \Omega_{x,S}^{p,q}$ telle que $d\,\omega = o$ alors ω est cohomologue à une $(p + q)$ forme méromorphe ψ; on peut écrire $\psi = z_1^{-k} \psi'$

D'après le lemme 2 en posant $\ell = o$, $T = S^{(2)}$, $i = k-1$
ω est cohomologue à $\theta = z_1^{-1}\, d z_1 \wedge A + B$, A et B étant méromorphe et vérifiant $P(o, S^{(2)})$

A s'écrit $f^{-1} A'$ avec A' holomorphe puis
$A' = A'_o + z_1 A'_1$

$$\theta = z_1^{-1}\, d z_1 \wedge A_o + B_o$$

A_o ne contenant ni $d z_1$, ni z_1.
$d\theta = o$ entraîne $d A_o = d B_o = 0$

Faisons une récurrence sur r.

Si r = 1 : A_o et B_o sont des formes holomorphes

Si $p + q - 1 \geq 1$ $\quad A_o = d A_1$; $B_o = d B_1$

et $\theta = d(-z_1^{-1}\, d z_1 \quad A_1 + B_1)$

Si $p + q = 1$ $\quad A_o$ est une constante; $B_o = d B_1$

et θ donc ω est cohomologue à $A_o \dfrac{d z_1}{z_1}$

Supposons le résultat établi jusqu'à l'ordre $r - 1$; on peut l'appliquer à A_o et B_o.

Si $p + q > r$ alors A_o et B_o sont exactes donc θ d'où ω est exacte.

Si $p + q = r$, B_o est exacte et A_o s'écrit

$$A_o = c\, \omega_{2 \dots p+q} + d\alpha \qquad c \quad C$$

et par suite ω est cohomologue à $c\ \omega_{12\dots p+q}$

Si $p + q < r$ $\quad A_o$ est cohomologue à

$$\sum_{i_j \neq 1} c^{i,\dots i_{p+q-1}}\ \omega_{i_1 \dots i_{p+q-1}}$$

B_o est cohomologue à

$$\sum_{i_j \neq 1} c^{i \dots i_{p+q}}\ \omega_{i_1 \dots i_{p+q}}$$

et par suite ω est cohomologue à la forme voulue.
[voir [1] page 77]

<u>Lemme 6 - L'application</u> i^* de $\mathcal{H}(\tilde{n}^{p,*})$ <u>dans</u> $\mathcal{H}(n^{p,*})$ <u>est un isomorphisme en degré supérieur ou égal à</u> 1 <u>pour tout</u> p, <u>en tout degré pour</u> p = 0

Soit $\omega \in \tilde{n}^{p,q}_{X,S}$ telle que $d\,\omega = o$

D'après le lemme 5, $\omega = \Sigma\, c^{i_1 \dots i_{p+q}}\, \omega_{i_1 \dots i_{p+q}} + d\,\omega_1$

avec $c^{i_1 \dots i_{p+q}} = o$ si $p + q > r$; $\omega_1 \in n^{p,q-1}_{x,S}$

ou $\omega_1 \in n^{p-1,o}_{x,S}$ si $q = o$

En remarquant que le lemme 3 s'écrit

$\forall(p,q)$ si $\omega \in n^{p,q}_{x,S}$ tel que $d\,\omega \in \tilde{n}^{p,q+1}_{x,S}$ alors il existe $\psi \in \tilde{n}^{p,q}_{x,S}$ telle que $d\,\psi = d\,\omega$, on peut remplacer ω_1 par ψ.

D'où l'isomorphisme voulu pour $q \geq 1$.

D'autre part pour $p = o$, $q = o$ alors $\mathcal{H}^o(n^{o,*})_x = C$

3 - Étude de $\mathcal{H}(B^{p,*}_S)$.

<u>Lemme - L'application</u> j^* de $\mathcal{H}(n^{p,*}_S)$ <u>dans</u> $\mathcal{H}(B^{p,*}_S)$ <u>est un isomorphisme en degré supérieur ou égal à 1 pour tout</u> p, <u>en tout degré pour</u> p = 0.

Si $x \in S$, soit $V(x)$ un voisinage tel que

$$V(x) \setminus S = (D - \{o\})^r \times D^{n-r}$$

D étant un disque dans le plan complexe.

Les restrictions des $\omega_{i_1 \dots i_{p+q}}$ à $V(x) \setminus S$ sont des $(p+q)$ formes indépendantes, d - fermées, non exactes au nombre de C_r^{p+q}. Vérifions alors que

$$\dim_C H^q(V(x) \setminus S, E^p) = C_r^{p+q} \qquad \text{pour } q \geq 1.$$

Comme $V(x) \setminus S$ est de Stein, d'après la suite exacte $0 \quad E^s \to \Omega^s \to E^{s+1} \to 0$ il vient

$$H^q(V(x) \setminus S, E^p) = H^{p+q}(V(x) \setminus S, C)$$

Or D^{n-q} est cohomologiquement trivial. La cohomologie de $V(x) \setminus S$ est donc celle de $(D - \{o\})^r$.

Si $H^{p,q}((D - \{o\})^{r-1}, C)$ a pour dimension C_{r-1}^{p+q}, d'après la formule de Künneth, et

$H^{\circ}(D - \{o\}, C) \simeq H^{\circ}(D - \{o\}, C) \simeq C$

et $H^p(D - \{o\}, C) = 0$ pour $p \geqslant 2$,

il vient $\dim_C H^q(V(x) \setminus S, E^p) = C_r^{p+q}$ pour $q \geqslant 1$

Pour $q = o$ $\mathcal{H}^{\circ}(B_S^{p,*})_x$ représente les germes de formes méromorphes fermées dans $V(x) \setminus S$.

Si $p = q = o$ $\mathcal{H}^{\circ}(B_S^{o,*})_x = C$

<u>4</u> - Désignons par m_S^p (resp. $\tilde{m}_S^p$) le sous-faisceau de $m_S^{p,o}$ (resp $\tilde{m}_S^{p,o}$) de germes de formes méromorphes.

Le faisceau $\tilde{m}_S^p$ est cohérent, par suite sur une variété de Stein, il est acyclique.

Les raisonnements tenus dans les parties 2 et 3 sont valables en remplaçant partout C^{∞} par " holomorphe ".

On a donc le

<u>Lemme</u> - Les applications $\mathcal{H}(\tilde{m}_S^*) \xrightarrow{i^*} \mathcal{H}(m_S^*) \xrightarrow{j^*} \mathcal{H}(B_S^{o,*})$ sont des isomorphismes.

D'où

<u>THÉORÈME 3</u> - <u>Si</u> X <u>est une variété de Stein,</u> S <u>un sous-ensemble analytique simple, l'homomorphisme naturel de</u>

$$H^q(\Gamma(X, \tilde{m}_S^p)) \text{ dans } H^q(X \setminus S, C)$$

<u>est un isomorphisme.</u>

<u>5</u> - En utilisant la résolution des singularités d'Hironaka, Grothendieck dans (4) prouve que, quel que soit le sous-ensemble analytique S de codimension 1 :

$$\mathcal{H}(m_S^*) \xrightarrow{\sim} \mathcal{H}(B_S^{o,*})$$

Montrons que : $\mathcal{H}(m_S^*) \xrightarrow{\sim} \mathcal{H}(n_S^{o,*})$. Il suffit de montrer la surjection : Soit ω un germe de p-forme semi-méromorphe d-fermée alors d'après le lemme 4, ω est cohomologue à une forme méromorphe à poles sur S.

Donc $\mathcal{H}(n_S^{o,*}) \xrightarrow{\sim} \mathcal{H}(B_S^{o,*})$

$n_S^{o,*}$ et $B_S^{o,*}$ sont composés de faisceaux acycliques par suite on obtient le

THÉORÈME 4. - Soit X une variété analytique paracompacte, S un sous-ensemble analytique de codimension un ; toute forme fermée C^∞ sur $X \setminus S$ est cohomologue dans $X \setminus S$ à une forme semi-méromorphe sur X à pôles sur S, comme conséquence de :

L'homomorphisme naturel de $H^q(\Gamma(X, n_S^{o,*}))$ dans $H^q(X \setminus S, \mathbb{C})$ est un isomorphisme .

BIBLIOGRAPHIE

[1] - M.F. ATIYAH & W.V.D. HODGE — Integrals of the second kind on an algebraic variety
Annals of Math vol 62 (1955) p. 56 - 91

[2] - P. DOLBEAULT — Formes différentielles et cohomologie sur une variété analytique complexe.
I - Annals of Math - Vol. 64 n° 1 - 83 - 130 (1956)
II - Vol. 65 - n° 2 - 282 - 330 - (1957)

[3] - R. GODEMENT — Théorie des faisceaux

[4] - A. GROTHENDIECK — On the Rham cohomology of algebraic varieties
I.H.E.S. (1965) - (95 - 103)

[5] - J. LERAY — Le calcul différentiel et intégral sur une variété analytique complexe. (Problème de Cauchy III). Bull. Soc. Math. France - 87 - (1959)- 81 - 180

[6] - F. NORGUET — Sur la cohomologie des variétés analytiques complexes et sur le calcul des résidus.
C.R. Acad. Sciences Paris. t. 258 - p. 403 - 405 (1964).

Séminaire P.LELONG
(Analyse)
10e année, 1969/70

Septembre 1970

UNIFORMITÉ D'HOLOMORPHIE ET TYPE EXPONENTIEL

par Leopoldo NACHBIN

Université de Rochester, Rochester, New-York 14627, U.S.A.

I. - Rappels

Soient E et F deux espaces localement convexes complexes. Si α est une semi-norme sur E, on indiquera par E_α l'espace vectoriel E semi-normé par α ; et par E/α l'espace normé associé, quotient de E_α par $\alpha^{-1}(0)$. De même pour F. On notera pas U un ouvert non-vide de E.

Si $m \in \mathbb{N}$, on indiquera par : $\mathcal{L}(^mE, F)$ l'espace vectoriel des applications m-linéaires continues de E^m dans F ; $\mathcal{L}_s(^mE, F)$ le sous-espace vectoriel de $\mathcal{L}(^mE, F)$ de telles applications symétriques; et $\mathcal{P}(^mE, F)$ l'espace vectoriel des polynômes m-homogènes continus de E dans F. Rappelons qu'on a l'application linéaire surjective $A \in \mathcal{L}(^mE, F) \longmapsto \hat{A} \in \mathcal{P}(^mE, F)$, où $\hat{A}(x) = A(x, \ldots, x)$ (x répété m fois), ce qu'on abrège $\hat{A}(x) = A\,x^m$ pour tout $x \in E$. Elle est bijective entre $\mathcal{L}_s(^mE, F)$ et $\mathcal{P}(^mE, F)$.

On dira que $f : U \mapsto F$ est holomorphe si, pour tout $\xi \in U$, l'on peut trouver une suite de coefficients $A_m \in \mathcal{L}_s(^mE, F)$ où $m \in N$, tels que, quelle que soit la semi-norme continue β sur F, il existe une semi-norme continue α sur E pour laquelle $B_{\alpha,1}(\xi)$, α-boule ouverte de rayon 1 et centre ξ, soit contenue dans U et

$$\lim_{M \to +\infty} \beta \left[f(x) - \sum_{m=0}^{M} A_m (x - \xi)^m \right] = 0$$

uniformément pour $x \in B_{\alpha,1}(\xi)$. On représentera pas $\mathcal{H}(U, F)$ l'espace vectoriel des applications holomorphes de U dans F.

II. - Uniformité d'holomorphie des applications

On dira que U est uniformément ouvert dans E s'il existe une semi-norme continue α sur E telle que U soit α-ouvert ; on écrira alors U_α pour indiquer que U est considéré en tant qu'un ouvert de E_α.

Définition 1. - Supposons d'abord F semi-normé. On dira que $f \in \mathcal{H}(U, F)$ est uniformément holomorphe si l'on peut trouver un recouvrement $\mathcal{C}$ de U par des ouverts non-vides contenus dans U et une semi-norme continue α sur E tels que, pour tout $W \in \mathcal{C}$ il existe un α-ouvert V de E contenant W pour lequel la restriction de f à W possède un prolongement α-holomorphe défini dans V à valeurs dans F ; pour une α donnée, l'existence d'un tel $\mathcal{C}$ est exprimée d'une façon intuitive mais imprécise en disant que f est alors localement α-holomorphe dans U. Si U est uniformément ouvert, l'uniformité d'holomorphie de f équivaut à dire que

$$f \in \bigcup_{\alpha} \mathcal{H}(U_{\alpha}, F) \ ;$$

ici ainsi que dans des situations analogues ci-dessous, la réunion est prise par rapport aux semi-normes continues α sur E telles que U soit α-ouvert. En d'autres termes, il existe α telle que U soit α-ouvert et f soit partout α-holomorphe sur U ; c'est-à-dire que $f = \varphi \circ \pi$, où $\pi : E \longrightarrow E/\alpha$ est l'application canonique, l'on a $\varphi \in \mathcal{H}(V, F)$, $V = \pi(U)$ est un ouvert non-vide de E/α et $U = \pi^{-1}(V)$. Dans ce cas,

$$\mathcal{H}(U, F) = \bigcup_{\alpha} \mathcal{H}(U_{\alpha}, F)$$

signifie que toute application holomorphe de U dans F est uniformément holomorphe. Supposons maintenant F localement convexe. On dira à ce moment-là que $f \in \mathcal{H}(U, F)$ est uniformément holomorphe si $f \in \mathcal{H}(U, F_{\beta})$ est uniformément holomorphe au sens ci-dessus quelle que soit la semi-norme continue β sur F. Si U est uniformément ouvert, l'uniformité d'holomorphie de f équivaut à dire que

$$f \in \bigcap_{\beta} \bigcup_{\alpha} \mathcal{H}(U_{\alpha}, F_{\beta}) \ ;$$

ici la réunion est au sens indiqué ci-dessus et l'intersection est prise par rapport aux semi-normes continues β sur F. Dans ce cas,

$$\mathcal{H}(U, F) = \bigcap_{\beta} \bigcup_{\alpha} \mathcal{H}(U_{\alpha}, F_{\beta})$$

signifie que toute application holomorphe de U dans F est uniformément holomorphe.

<u>Exemple 1.</u> - Tout polynôme continu de E dans F, somme finie de polynômes homogènes continus de E dans F, est uniformément holomorphe.

Exemple 2. - Considérons l'espace de Fréchet $E = \mathcal{H}(\mathbb{C}, \mathbb{C})$ et soit $F = \mathbb{C}$. Fixons $\xi \in \mathbb{C}$. Alors $f \in \mathcal{H}(E, F)$ définie par $f(\varphi) = \varphi\left[\varphi(\xi)\right]$ pour toute $\varphi \in E$ n'est pas uniformément holomorphe.

Dans la suite, on ira utiliser la condition suivante portant sur E, qu'on peut énoncer de deux manières équivalentes :

(C) L'ensemble des semi-normes α sur E, telles que l'application canonique toujours surjective $E \rightarrow E/\alpha$ soit à la fois continue et ouverte, est filtrant et définit la topologie de E.

(C) La topologie de E peut être définie par un ensemble filtrant Γ de semi-normes tel que, chaque fois que $\alpha_1, \alpha_2 \in \Gamma$, $\alpha_2^{-1}(0) \subset \alpha_1^{-1}(0)$ et que l'application canonique surjective $E/\alpha_2 \rightarrow E/\alpha_1$ est continue, elle est nécessairement ouverte.

Exemple 3. - E satisfait (C) s'il est un produit cartésien d'espaces semi-normés, en particulier s'il est semi-normé.

Exemple 4. - E satisfait (C) s'il est muni d'une topologie faible, en particulier si $E = \mathbb{C}^I$ où I est un ensemble.

Exemple 5. - Soit $E = \mathcal{C}(X, L)$ l'espace vectoriel des applications continues définies dans un espace complètement régulier X à valeurs dans un espace semi-normé complexe L. Si E est muni de la topologie de la convergence uniforme sur les parties compactes de X, alors E satisfait (C).

Exemple 6. - Soit $E = \mathscr{L}^p_{loc}(X, \mu ; L)$ l'espace vectoriel des applications à puissance p-ème localement μ-intégrable définies dans un espace localement compact X, muni d'une mesure de Radon μ, à valeurs dans un espace semi-normé complexe L. Si E est muni de la topologie de la convergence en μ-moyenne d'ordre p sur les parties compactes de X, alors E satisfait (C). On suppose $1 \leqslant p \leqslant +\infty$ avec l'interprétation usuelle pour $p = +\infty$.

Exemple 7. - Soit $E = \mathscr{C}^m(U, \mathbb{C})$ l'espace vectoriel des applications complexes m-fois continuement différentiables définies dans l'ouvert non-vide U de $\mathbb{R}^n$, où $n = 1, 2, \ldots$. Si E est muni de la topologie de la convergence uniforme d'ordre m sur les parties compactes de U, alors E satisfait (C). On suppose $m \in N$ mais $m \neq +\infty$.

Exemple 8. - E satisfait (C) si l'ensemble des semi-normes continues α sur E, telles que E_α soit complet, est filtrant et définit la topologie de E.

Exemple 9. - Si E possède une norme continue, alors E satisfait (C) si et seulement si E est normable. En particulier, l'espace de Fréchet $\mathscr{H}(U, F)$ ne satisfait pas (C) si U est un ouvert non-vide connexe de $\mathbb{C}^n$ où $n = 1, 2, \ldots$ et F est normé.

Proposition 1. - Si E satisfait (C), U est connexe et F est arbitraire, toute application holomorphe de U dans F est uniformément holomorphe.

Remarque 1. - Si $f \in \mathscr{H}(U, F)$ est uniformément holomorphe , et si F est semi-normé et U est connexe, il n'est pas toujours vrai qu'on puisse trouver une semi-norme continue α sur E et un α-ouvert V dans E contenant U, tels que f possède un prolongement α-holomorphe défini dans V à valeurs dans F, même si l'on suppose que E satisfait (C). En voici la raison. Il peut se faire que, quelle que soit la semi-norme continue α sur E, il soit impossible d'écrire $f = \varphi \circ \pi$, où $\pi : E \to E/\alpha$ est l'application canonique et φ est une application de $V = \pi(U)$ dans F ; si l'on essaie de le faire, on peut aboutir toujours à une φ multivalente, comme on verra dans l'exemple suivant. Il en résulte que, f étant localement α-holomorphe sur U non α-ouvert, pour qu'on puisse considérer f comme étant globalement α-holomorphe (d'une façon univalente, bien entendu), il faut absolument introduire des domaines de Riemann étalés au-dessus de E/α.

<u>Exemple 10.</u> - Soit $\varphi(z_1, z_2, \ldots.) \in \mathbb{C}$ une fonction complexe d'une infinité dénombrable de variables complexes $z_1, z_2, \ldots \in \mathbb{C}$, continue au sens de la topologie du produit cartésien, dont les valeurs sont tous de module unité, telle que, quel que soit $n = 1, 2, \ldots$, il existe $\xi_1, \xi_2, \ldots, \eta_1, \eta_2, \ldots \in \mathbb{C}$ pour lesquels $\xi_j = \eta_j$ si $j = 1, \ldots, n$ et

$$\varphi(\xi_1, \xi_2, \ldots) = -\varphi(\eta_1, \eta_2, \ldots).$$

Soit U l'ouvert non-vide connexe de $E = \mathbb{C}^{\mathbb{N}}$ formé des points $(z_0, z_1, z_2, \ldots) \in E$ tels que

$$\left| z_0 - \left[\varphi(z_1, z_2, \ldots) \right]^2 \right| < 1 .$$

Si $(z_0, z_1, z_2, \ldots) \in U$, il existe un et un seul $t \in \mathbb{C}$ tel que

$$t^2 = z_o, \quad \left| t - \varphi(z_1, z_2, \ldots) \right| < 1.$$

On pose alors $f(z_o, z_1, z_2, \ldots) = t$. Il est clair que $f \in \mathcal{H}(U, \mathbb{C})$ et que

$$\frac{\partial f}{\partial z_j}(z_o, z_1, z_2, \ldots) = 0 \quad (j = 1, 2, \ldots)$$

sur U ; donc $f(z_o, z_1, z_2, \ldots)$ ne dépend que de la seule variable z_o localement sur U. Or, quel que soit $n = 1, 2, \ldots$, si $\xi_1, \xi_2, \ldots, \eta_1, \eta_2, \ldots$ sont choisis comme il a été indiqué ci-dessus et si l'on pose

$$\xi_o = \left[\varphi(\xi_1, \xi_2, \ldots) \right]^2, \eta_o = \left[\varphi(\eta_1, \eta_2, \ldots) \right]^2 ,$$

alors on aura $\xi_j = \eta_j$ pour $j = 0, 1, \ldots, n$ mais

$$f(\xi_o, \xi_1, \xi_2, \ldots) \neq f(\eta_o, \eta_1, \eta_2, \ldots) .$$

Donc, si π_n indique l'application de projection

$$(z_o, z_1, z_2, \ldots) \in E \longmapsto (z_o, \ldots, z_n) \in \mathbb{C}^n,$$

il est impossible de trouver $\varphi : \pi_n(U) \to \mathbb{C}$, univalente, telle qu'on ait $f = \varphi \circ \pi_n$ sur U , pour un certain $n \in \mathbb{N}$.

Pour les détails de cette section, voir [2] .

III. - Applications entières de type exponentiel

Si E et F sont semi-normés, alors l'application entière $f \in \mathcal{H}(E, F)$ est classiquement dite de type exponentiel s'il existe $C, c \in \mathbb{R}_+$ tels que, pour tout $x \in E$, on ait

$$\left\| f(x) \right\| \leq C \cdot e^{c \|x\|} .$$

D'autre part, si E et F sont localement convexes, on a le résultat suivant.

Proposition 2. - Pour toute application entière $f \in \mathcal{H}(E, F)$, les conditions suivantes sont équivalentes :

(1) Quels que soient l'ensemble borné B de E et la semi-norme continue β sur F, il existe $C, c \in \mathbb{R}_+$ tels que, pour tout $\lambda \in \mathbb{R}_+$, on ait

$$\sup \left\{ \beta \left[f(\lambda x) \right] \; ; \; x \in B \right\} \leqslant C \, . \, e^{c\lambda} .$$

(2) Quels que soient l'ensemble compact K de E et la semi-norme continue β sur F, il existe C, $c \in \mathbb{R}_+$ tels que, pour tout $\lambda \in \mathbb{R}_+$, on ait

$$\sup \left\{ \beta \left[f(\lambda x) \right] \; ; \; x \in K \right\} \leqslant C \, . \, e^{c\lambda} .$$

(1') Quels que soient l'espace normé complexe X, l'application linéaire continue $T : X \rightarrow E$ et la semi-norme continue β sur F, l'application entière $f \circ T \in \mathcal{H}(X, F_\beta)$ est de type exponentiel.

(2') Quels que soient l'espace normé complexe X, l'application linéaire compacte $T : X \rightarrow E$ et la semi-norme continue β sur F, l'application entière $f \circ T \in \mathcal{H}(X, F_\beta)$ est de type exponentiel.

En vue de généraliser le cas semi-normé ci-dessus à la situation localement convexe, on peut dire qu'une application entière $f \in \mathcal{H}(E, F)$ est de type exponentiel si, quelle que soit la semi-norme continue β sur F, il existe $C \in \mathbb{R}_+$ et une semi-norme continue α sur E tels que, pour tout $x \in E$, on ait

$$\beta \left[f(x) \right] \leqslant C \, . \, e^{\alpha(x)} .$$

Il est alors manifeste que f est uniformément holomorphe quels que soient E et F. D'autre part, f satisfaisant aux conditions équivalentes de la Proposition 2 peut être aussi appelée de type exponentiel. C'est clair que la première définition entraîne la deuxième.

Ce genre de considérations s'étend naturellement à d'autres types de croissance d'applications entières.

Pour les détails de cette section, voir [3] . On comparera ce résultat aussi avec ceux de [1] et l'exposé n° 9 de P.LELONG dans ce même volume.

BIBLIOGRAPHIE

[1] LELONG (P.). - Fonctions et applications de type exponentiel dans les espaces vectoriels topologiques, C.R. Ac. Sc. Paris, t. 269, p. 420-422, 1969.

[2] NACHBIN (L.). - Article sur l'uniformité d'holomorphie des applications (à paraître).

[3] NACHBIN (L.). - Article sur la croissance des applications entières (à paraître).

Séminaire P.LELONG
(Analyse)
10e année, 1969/70

Septembre 1970

DÉVELOPPEMENT DE PINCHERLE*)

par Domingos P I S A N E L L I

Les opérateurs linéaires entre fonctions analytiques ont été étudié par PINCHERLE au moyen des séries du type $\sum_{n \geq 0} \frac{\alpha_n(x)}{n!} y^{(n)}(x)$, par FANTAPPIÈ au moyen de la fonction indicatrice $u(\alpha) = f(\frac{1}{\alpha - t})$ et par MARTINEAU au moyen de la transformée de FOURIER-BOREL $v(\alpha) = f(e^{\alpha t})$.

Nous appliquerons ici les deux dernières méthodes à l'étude des opérations du type de PINCHERLE et donnerons des applications aux équations différentielles linéaires d'ordre infini.

Soit H(K) l'espace localement convexe, sur le corps $\mathbb{C}$, séparé et complet des germes de fonctions analytiques $\dot{y}(t)$ au voisinage d'un

---

*) Conférence donnée au "Séminaire P.LELONG" en marge du "Congrès international des Mathématiciens" à Nice, 1970. Les résultats paraitront aux "Anaïs da Academia Brasileira de Ciências", Rio de Janeiro - Brasil .

compact $K \subset C$, muni de la topologie limite inductive localement convexe des espaces de BANACH $H(\Omega) \subset H(K)$ des fonctions holomorphes et bornées dans les ouverts $\Omega \supset K$ dont les composantes connexes contiennent des points de K.

FONCTION ENTIÈRE DU TYPE EXPONENTIEL NUL

Soit X un espace localement convexe, complexe, séparé et complet et $W : \mathbb{C} \to X$ entière. On dira que W est du type exponentiel nul si à chaque $\varepsilon > 0$ on peut associer un borné $B_\varepsilon \subset X$ tel que

$$W(\alpha) \in B_\varepsilon \, e^{\varepsilon|\alpha|} \qquad \forall \alpha \in \mathbb{C}.$$

THÉORÈME 1 (Développement partiel de PINCHERLE)

Soit f linéaire et continue sur H(K) , à valeurs dans H(K). On a :

$$f(y) = \sum_{n \geq 0} \frac{\alpha_n}{n!} y^{(n)} \qquad y \in H(V_d(K))$$

où $\alpha_n \in H(K)$ $(n \geq 0)$, $V_d(K)$ est le voisinage de K fermé, de rayon d (= diamètre de K), $y^{(n)}$ dérivée de y appartient à H(K).

THÉORÈME 2 (Développement de PINCHERLE).

Le développement $\sum_{n \geq 0} \frac{\alpha_n}{n!} y^{(n)}$, $(\alpha_n \in H(K))$ converge dans H(K), pour chaque $y \in H(K)$, si et seulement si la série

$W(\alpha) = \sum_{n \geq 0} \frac{\alpha_n}{n!} \alpha^n$ définie une fonction entière de type exponentiel nul .

THÉORÈME 3.

Un développement de PINCHERLE définit un opérateur linéaire et continu.

THÉORÈME 4.

Un opérateur linéaire et continu de H(K) dans H(K) admet le développement de PINCHERLE si et seulement si l'indicatrice de FANTAPPIE $f\left(\frac{i}{\alpha - t}\right)(x)$ se prolonge sur un ouvert qui contient $S \times K - \{\Delta\}$, où S est la sphère complexe, et Δ la diagonale de $S \times S$.

THÉORÈME 5.

Soit $\complement K$ connexe. Un opérateur linéaire et continu f de H(K) dans H(K) admet le développement de PINCHERLE si et seulement si $W(\alpha) = f(e^{\dot{\alpha} t})e^{-\dot{\alpha} t}$ est une fonction de type exponentiel nul.

Contre-Exemple.

$$f : y \in H(K) \longrightarrow (z \rightarrow \dot{y}(\tfrac{1}{2} z)) \in H(K)$$

où K = disque fermé avec centre à l'origine.

On a

$$f\left(\frac{\dot{1}}{\alpha - t}\right)(x) = \frac{\dot{2}}{2\alpha - x} \quad \text{et}$$

$$f(e^{\dot{\alpha} t})e^{-\dot{\alpha} t} = e^{-\frac{\dot{\alpha} t}{2}}$$

qui ne satisfont pas aux théorème 4 ou 5.

Exemples.

I) Opérateur de translation :

$\tau : y \in H(K) \longrightarrow ((z,\alpha) \longrightarrow y(z+\alpha)) \in H(K\times\{0\})$.

Opérateur du cycle fermé :

f linéaire et continu de H(K) en H(K) tel

$$f \circ \tau = \tau \circ f .$$

Soit K simplement connexe. On a l'équivalence suivante :

1) f du cycle fermé

2) $f \circ \delta = \delta \circ f$, δ = dérivation, f linéaire et continu de H(K) dans H(K).

3) $f(y) = \sum_{n \geq 0} \frac{a_n}{n!} y^{(n)}$, $\lim \sqrt[n]{|a_n|} = 0$, $a_n = c^{te}$.

4) $f(t^n)(x) = a_0 x^n + a_1 \binom{n}{1} x^{n-1} + \ldots + a_n \binom{n}{n}$; f linéaire et continu de H(K) dans H(K).

5) $f(y)(x) = \frac{1}{2\pi i} \int_{\Gamma} u(\alpha - x)\, y(\alpha)\, d\alpha$, $u \in H'(\{0\})$.

6) $f = T_0 \circ \tau$, $T_0 \in H'(\{0\})$; c'est-à-dire $f(y)(x) = T_0(y(x+\alpha))$.

THÉORÈME de MALGRANGE-MARTINEAU.

Soit K un compact convexe et f du cycle fermé. On a

a) L'équation $f(y) = g$ a des solutions $y \in H(K)$ si $g \in H(K)$.

b) L'équation $f(y) = 0$ a ses solutions dans l'adhérence du sous-espace de H(K) engendré par les solutions $p(x)\, e^{\alpha x}$ (p = polynôme).

II) <u>Opérateur homothétie</u>

$S : y \in H(K) \longrightarrow ((x, \alpha) \longrightarrow y(x\alpha)) \in H(K \times \{1\})$.

<u>Opérateur normal.</u>

f linéaire et continu de H(K) dans H(K) tel que $f \circ S = S \circ f$.

Soit K simplement connexe et $0 \notin K$. On a l'équivalence des propriétés :

1) f normal.

2) $f \circ X = X \circ f$; $(X\,y)(x) = xy'(x)$

f est continu et linéaire de $H(K_n)$ dans H(K).

3) $f(y)(x) = \sum_{n \geq 0} \frac{a_n\, x^n}{n\,!}\, y^{(n)}(x)$, $\lim \sqrt[n]{|a_n|} = 0$.

4) $f(\dot{t}^n)(x) = \xi_n\, x^n$; $\sum_{n \geq 0} \xi_n\, z^n$ se prolonge en une fonction V analytique en $\complement \{1\}$, $V(\infty) = 0$ et f est continu et linéaire.

5) $f(y)(x) = \frac{1}{2\pi i} \int_\Gamma \frac{1}{x}\, V(\frac{\alpha}{x})\, y(\alpha)\, d\alpha$, $V \in H'(\{1\})$.

6) $f = T_1 \circ S$, $T_1 \in H'(\{1\})$ c'est-à-dire $f(y)(x) = T_1(y(x\alpha))$.

<u>Application</u>.

Soit K tel que log K soit convexe et f normal.

a) L'équation $f(y) = g$ a des solutions $y \in H(K)$ si $g \in H(K)$.

b) L'équation $f(y) = 0$ a ses solutions dans l'adhérence du sous-espace engendré par les solutions $p(\log\dot{}\, x)x^\alpha$ (p = polynôme).

BIBLIOGRAPHIE

[1]- SALVATORE PINCHERLE. - Le operazioni distributive. Nicola Zanichelli, Bologna, 1901.

Contributo alla teoria degli operatori lineari. Annali di Matematica Pura e Applicata. Bologna, 1936, serie IV, tomo XV, p. 243.

[2]- BOURLET (C.). - Sur les opérations en général et les équations différentielles linéaires d'ordre infini. Annales de l'École Normale Supérieure, série 3, vol. 14, p. 133, 1897.

[3]- FANTAPPIÈ (L.). - Bibliografia Franco Pellegrino : Problèmes concrets d'Analyse fonctionnelle. Gauthier-Villars, 1951.

[4]- MARTINEAU (A.). - Indicatrices des fonctionnelles analytiques et inversion de la transformée de Fourier-Borel par la transformation de Laplace. C.R.Acad.Sc., 255, p.1845.

- Équations différentielles d'ordre infini. Bull. Soc.Math.France, 95, p. 109, 1967.

[5]- SILVA DIAS (C.-L.). - Espaços Vetoriais Topológicos e sua aplicação aos Espaços Funcionais Analíticos. Tese de Concurso. (1951). Boletim da Sociedade de Matemática de São Paulo, 1952.

[6]- SILVA (J.-S.). - a) Funções analíticas e Análise Funcional. Portugaliae Mathematica. Vol. 9, 1950 . b) Sui Fondamenti della Teoria dei Funzionali Analitici. Portugaliae Mathematica. Vol. 12, 1953.

[7] - GROTHENDIECK (A.). - Sur certains espaces de fonctions holomorphes. Journal für die Reine und A.Math., vol. 192, 1953.

[8] - KOTHE (G.). - Dualitat in der functionen theorie. Journal für die Reine und A.Math., vol. 191, 1953.

[9] - PISANELLI (D.). - Operadores Analíticos Permutáveis e Equações Invariantes. Tese para a cadeira de "Cálculo Diferencial e Integral e Geometria Analítica" da Faculdade de Arquitetura e Urbanismo da U.S.P., 1966.

Séminaire P.LELONG
(Analyse)
10e année, 1969/70

8 Septembre 1970

THÉORIE DES RÉSIDUS

par Pierre DOLBEAULT

1. Introduction

Sur une surface de Riemann X, soit ω une forme différentielle méromorphe de degré 1 ; au voisinage d'un point où z est une coordonnée locale, on a : $\omega = f(z)dz$ où f est une fonction méromorphe. Soit $S = \{a_j\}_{j \in I}$ l'ensemble des pôles de ω ; pour tout $j \in I$, soit γ_j un cercle de centre a_j orienté positivement tel que le disque fermé dont il est le bord ne contienne aucun point de S autre que a_j ; soit $\text{Rés}_{a_j}(\omega)$ le résidu de Cauchy de ω au point a_j (coefficient de $\frac{1}{z-z(a_j)}$ dans le développement de f en série de Laurent au voisinage de a_j). Alors pour toute partie finie J de I, et pour toute famille de nombres (entiers, etc.) $(n_j)_{j \in J}$, on a :

$$(1) \qquad \int_{\sum_{j \in J} n_j \gamma_j} \omega = \sum_{j \in J} n_j \, 2\pi i \, \text{Rés}_{a_j}(\omega)$$

Si X est compacte, S est un ensemble fini $S = \{a_j\}_{j \in S}$

$$(2) \qquad \sum_j \text{Rés}_{a_j} = 0$$

est une c.n.s. pour que l'ensemble des nombres Rés_{a_j} soit l'ensemble des résidus d'une forme méromorphe ω en ses pôles a_j.

J. Leray (1959) a généralisé cette situation au cas où X est une variété analytique complexe de dimension finie quelconque, S une sous-variété analytique complexe de codimension 1, ω une forme différentielle fermée de degré quelconque p sur X, C^∞ en dehors de S et ayant des singularités du type suivant sur S : tout point $x \in S$ a un voisinage U dans X sur lequel est définie une fonction holomorphe s, irréductible en x telle que

$S \wedge U = \{y \in U\ ;\ s(y) = 0\}$ (c'est-à-dire une coordonnée complexe locale), la forme $\omega|U$ étant égale à $\frac{\alpha}{s^k}$ où α est C^∞ sur U et $k \in \mathbb{N}$. Plus généralement, une forme différentielle semi-méromorphe a pour expression locale $\frac{\alpha}{f}$, ou α est une forme différentielle C^∞ et f une fonction holomorphe.

a/ La situation topologique étudiée par Leray et généralisée par Norguet en 1959 est la suivante :

Soient X un espace topologique, S un fermé de X, on a la suite exacte de cohomologie à coefficients complexes et à supports compacts

$$(3)\ \ldots \to H_c^p(X) \to H_c^p(S) \xrightarrow{\delta^*} H_c^{p+1}(X \setminus S) \to H_c^{p+1}(X) \to \ldots$$

Si S et $X \setminus S$ sont des variétés topologiques de dim. m et n resp., l'isomorphisme de dualité de Poincaré définit, à partir de δ^*, l'homomorphisme

$$H^c_{m-p}(S) \xrightarrow{\delta} H^c_{n-p-1}(X \setminus S)\ . \quad \text{(cobord homologique)}.$$

d'où par le théorème des coefficients universels, l'homomorphisme résidu

$$H^{m-p}(S) \xleftarrow{r} H^{n-p-1}(X \setminus S)$$

et la formule des résidus généralisant (1)

$$(4) \qquad \langle \delta h, c \rangle = \langle h, r c \rangle\ ,$$

dans laquelle $h \in H^c_{m-p}(S)$ et $c \in H^{n-p-1}(X \setminus S)$

b/ Supposons maintenant que X est une variété analytique complexe.

Etant donnée une forme semi-méromorphe fermée ω sur X, C^∞ sauf sur une sous-variété (sans singularité) S de codimension 1, telle que dans la représentation locale $\frac{\alpha}{s^k}$ de ω, on ait $k = 1$; alors, localement $\omega = \frac{ds}{s} \wedge \Psi + d\theta$ où θ est C^∞ ; on dit que ω admet S comme ensemble polaire à la multiplicité 1.

$\Psi|S$ a une définition globale, est appelée forme résidu de ω et sa classe de cohomologie sur S est l'image par r de la classe de cohomologie définie par ω sur $X \setminus S$.

c/ Théorème de Leray : S étant une sous-variété de codimension 1 de X, toute classe de cohomologie de $X \setminus S$ contient la restriction, à $X \setminus S$ d'une forme semi-méromorphe fermée admettant S comme ensemble polaire à la multiplicité 1 (cela se réduit à (2) dans le cas $\dim_{\mathbb{C}} X = 1$)

d/ Résidu composé. Soient maintenant $S_1,\dots,S_q$ des sous-variétés (sous singularité) de X en position générale, c'est-à-dire telles que pour tout $x \in S_{i_1} \cap \dots \cap S_{i_p}$, si $s_i = 0$ désigne l'équation locale de S_i en x (où s_i est une fonction coordonnée), on ait: $ds_{i_1} \wedge \dots \wedge ds_{i_t} \neq 0$.
Soit $s = S_1 \cap \dots \cap S_q$; alors on considère le composé des homomorphismes résidus

$$H^p(X \setminus S_1 \cup \dots \cup S_n) \to H^{p-1}(S_1 \setminus S_2 \cup \dots \cup S_n) \to H^{p-2}(S_1 \cap S_2 \setminus S_3 \cup \dots \cup S_m) \to$$

$\to \dots \to H^{p-q}(s)$, c'est donc un homomorphisme

$$H^p(X \setminus S_1 \cup \dots \cup S_m) \to H^{p-q}(s)$$

appelé résidu composé ; il est multiplié par la signature de la permutation des indices des S_i quand on effectue une permutation de ces indices.

Depuis quelques années, surtout depuis 1968, (certains résultats ayant cependant été obtenus avant 1959), on a tenté de généraliser la définition de l'homomorphisme résidu (c) et des questions (b) , (c) , (d) au cas où X et S sont des espaces topologiques un peu plus généraux que ceux considérés par Leray.

2. Définition du résidu

Les groupes d'homologie et de cohomologie considérés sont supposés à coefficients complexes.

2.1. Résidu homologique [2] Si X est un espace localement compact, paracompact de dimension finie et S un fermé de X , on a, dans l'homologie de Borel-Moore (homologie des espaces localement compacts), la suite exacte d'homologie suivante transposée de la suite (3) .

$$(5) \quad \dots \leftarrow H_p(X) \leftarrow H_p(S) \xleftarrow{\delta_*} H_{p+1}(X \setminus S) \leftarrow H_{p+1}(X) \leftarrow \dots$$

Dans le cas où $X \setminus S$ et S sont des variétés topologiques orientables de dimension n et m resp., on a le diagramme anticommutatif suivant :

$$\begin{array}{ccccc}
 & & & \overset{\delta^*}{\nearrow} & H_c^{p+1}(X \smallsetminus S) \\
 & & H_c^p(S) & & \\
 & & | & (Q) & | \\
H^{m-p}(S) & \longleftarrow & H_p(S) & & | \\
\gamma \nearrow & & & \nwarrow \delta^* & \\
H^{n-p-1}(X \smallsetminus S) & \longleftarrow & & & H_{p+1}(X \smallsetminus S)
\end{array}$$

où les flèches horizontales sont les isomorphismes de dualité de Poincaré ; on appellera δ_* <u>le résidu homologique</u> à cause de cela et le carré (Q) fournit une <u>formule des résidus</u> (1968-69)

2.2 Quel que soit l'espace topologique X, on a la suite exacte de cohomologie locale

$$(6) \quad \ldots \to H^p(X) \to H^p(X \smallsetminus S) \xrightarrow{\rho} H_S^{p+1}(X) \to H^{p+1}(X) \to \ldots$$

où $H_S^{p+1}(X)$ est la cohomologie de X à supports dans S (Grothendieck (1962), Local cohomology, Math. Notes, Springer).

Dans le cas où $X \smallsetminus S$ et S sont des variétés de dimensions respectives n et m, on a le diagramme commutatif :

$$\begin{array}{ccc}
H^p(X \smallsetminus S) & \xrightarrow{\rho} & H_S^{p+1}(X) \\
\gamma \searrow & & \nearrow \approx \\
 & H^{p-(n-m)+1}(S) &
\end{array}$$

ce qui montre que ρ est une bonne généralisation de l'homomorphisme résidu (Norguet ... → 1970) [5] .

2.3. <u>Problème de Cousin en homologie de Borel-Moore</u>

La donnée de (2) équivaut à la donnée de formes méromorphes locales sur X, $\text{Rés}_{a_i} \dfrac{d(z_i-a_i)}{z_i-a_i}$ où z_i-a_i est une fonction coordonnée au voisinage de 0 ; il est naturel d'appeler classe d'homologie résidu de cette donnée la classe d'homologie singulière localement finie -donc de Borel-Moore $\sum_{j\in I} (2\pi i \text{ Rés}_a) a_j$.

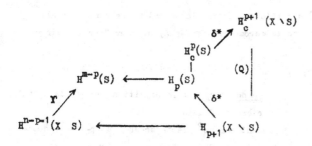

La condition (2) signifie que cette classe est nulle dans X ; elle équivaut à l'existence d'une forme méromorphe fermée ayant pour "parties singulières" les $\text{Rés}_{a_i} \dfrac{d(z_i-a_i)}{z_i-a_i}$.

La "donnée" est une <u>donnée de Cousin</u> et la condition (2) est la condition d'existence d'une solution à un problème de Cousin.

Plus généralement, désignant par m^p le faisceau des p-formes semi-méromorphes fermées et par E^p le faisceau des p-formes C^∞ fermées, on appelle donnée de Cousin tout élément $s \in H^o(X, m^p/E^p)$ sur X variété analytique complexe. Le problème de Cousin ayant la donnée s a une solution si s appartient à l'image de l'homomorphisme : $H^o(X,m^p) \to H^o(X,m^p/E^p)$; on peut associer à la donnée un ensemble analytique S de codimension 1 qui est son "support" et une classe d'homologie (le résidu de la donnée) appartenant à $H_{2n'-p-1}(S)$ avec $n' = \dim_{\mathbb{C}} X$. La c.n.s. pour que le problème de Cousin ait une solution est que le résidu de s appartienne à l'image de

$$H_{2n'-p-1}(S) \xleftarrow{\delta_*} H_{2n'-p}(X \setminus S) \xleftarrow{\lambda} H_{2n'-p}(X)$$

Ce théorème est plus faible que celui de Leray puisque l'élément de $\text{Im}\ \delta_*$ fourni par la donnée de Cousin n'est pas, à priori, n'importe quel élément de $\text{Im}\ \delta_*$, d'autre part la solution est définie à un élément près de $\text{Im}\ \lambda$.

3. <u>Courant résidu</u> [3]

3.1. Soit ω une 1-forme méromorphe sur un ouvert de coordonnée U d'une surface de Riemann, admettant un seul pôle P dans U ; soit z une coordonnée sur U , nulle en P .

Pour toute $\varphi \in \mathcal{D}(U \setminus P)$, considérons $\underline{\omega}[\varphi] = \int_U \omega \wedge \varphi$; $\underline{\omega}$ est un courant sur $U \setminus \{P\}$. De plus $T[\Psi] = \lim\limits_{\varepsilon \to 0} \displaystyle\int_{|z| \geq \varepsilon} \omega \wedge \Psi$ pour $\Psi \in \mathcal{D}(U)$ est un courant sur U , dont la restriction à $U \setminus \{P\}$ est $\underline{\omega}$, enfin

$$(7) \quad d\,T = d''T = 2\pi i\ \alpha\ \delta_P + d'B \ ,$$

où δ_P est la mesure de Dirac de support $\{P\}$ et B un courant à support dans $\{P\}$ qu'on peut prendre nul si P est un pôle simple. Le courant $2\pi i\ \alpha\ \delta_P$ sera dit courant résidu de ω.

On va chercher à généraliser la construction du courant résidu au cas des formes semi-méromorphes sur une variété analytique complexe X ; la première construction d'un tel courant, dans un cas particulier remonte à de Rham (voir [1]).

3.2. Etant donnée une forme semi-méromorphe ω sur une variété analytique complexe X d'ensemble polaire S, on va d'abord prolonger canoniquement de $X \setminus S$ à X le courant $\underline{\omega}$ défini par ω sur $X \setminus S$, c'est-à-dire donner une solution canonique d'un problème de division ; la caractérisation du prolongement se fera à l'aide de la condition suivante :

Un opérateur différentiel D sur l'espace $\mathcal{D}'(X)$ est dit semi-holomorphe si tout point $x \in X$ possède une carte $(U\ ;\ z_1,\dots,z_n)$ telle que

$$D = \sum_{i_1-i_n} \alpha_{i_1\dots i_n}(z) \frac{\partial^{i_1}}{\partial z_1^{i_1}} \cdots \frac{\partial^{i_n}}{\partial z_n^{i_n}}\ ,$$ où $\alpha_{i_1\dots i_n}$ sont des fonctions

C^∞ sur U ; (cette définition est indépendante du système de coordonnées et D opère également sur les formes semi-méromorphes). L'ensemble de tels opérateurs constitue un anneau Δ.

ω, S étant donnés comme ci-dessus, on cherche un courant $T(\omega)$ prolongeant $\underline{\omega}$ de $X \setminus S$ à X tel que, pour tout $D \in \Delta$, on ait $T(D\omega) = DT(\omega)$.

3.3. Formes normales. Un sous-ensemble analytique S de X, de codimension 1 est dit à croisements normaux si, pour tout point $x \in S$, il existe une carte $(U\ ,\ z_1,\dots,z_n)$ telle que $x \in U$ et que $U \cap S$ soit la réunion des ensembles $z_1 = 0\ ,\dots, z_p = 0$ $(p \leq n)$.

Une forme différentielle semi-méromorphe ω_x définie au voisinage de $x \in X$ est dite élémentaire si elle possède un ensemble polaire à croisements normaux sur un voisinage de x.

Toute forme semi-méromorphe ω sur X qui est, au voisinage de chaque point $x \in X$, égale à une somme finie de formes élémentaires est dite <u>normale</u>.

L'espace $\mathcal{S}$ des formes différentielles semi-méromorphes normales sur X et $\mathcal{D}'(X)$ sont des Δ-modules.

3.4. Soit X une variété algébrique projective irréductible de dimension n sur $\mathbb{C}$. Nous allons considérer le sous-espace $\mathfrak{S}$ des formes semi-méromorphes ayant chacune un ensemble polaire contenu dans une sous-variété algébrique globale de X, cette sous-variété pouvant varier d'une forme à l'autre ; l'espace $\mathfrak{S}$ est un Δ-module.

Si $\omega \in \mathfrak{S}$ et si S est un ensemble polaire de ω du type ci-dessus, alors il existe un morphisme $\pi : X' \to X$ où X' est algébrique lisse, où $S' = \overset{-1}{\pi}(S)$ est une sous-variété de X' de codimension 1, à croisements normaux ; π est un morphisme analytique, propre et $\pi|X' \setminus S'$ est un isomorphisme analytique sur $X \setminus S$ (Hironaka) ; on dira que π est un <u>morphisme normalisant pour</u> S.

3.5. <u>Théorème</u>. L'espace $\mathcal{S}$ des formes semi-méromorphes normales sur une variété analytique complexe X et l'espace $\mathfrak{S}$ de formes semi-méromorphes sur une variété algébrique projective, lisse X possédent la propriété suivante : Pour toute $\omega \in \mathcal{S}$ ou $\mathfrak{S}$, il existe un courant unique $T(\omega)$ tel que :

(1) si ω est à coefficients localement sommables, alors $T(\omega)$ est égal au courant défini par ω sur X ;

(2) les opérateurs : $T : \mathcal{S} \to \mathcal{D}'(X)$

$: \mathfrak{S} \to \mathcal{D}'(X)$

sont linéaires pour les structures de Δ-modules (en particulier, pour toute $\omega \in \mathcal{S}$ ou $\mathfrak{S}$, on a : $T(D\omega) = DT(\omega)$;

(3) l'opérateur $T : \mathcal{S} \to \mathcal{D}'(X)$ est local et dans les deux cas, $\operatorname{supp} T(\omega) = \operatorname{supp} \omega$.

Dans le cas normal, on montre que (1) et (2) entraînent l'unicité de T et qu'il suffit d'établir l'existence de T dans le cas élémentaire, on prouve l'existence de T dans le cas élémentaire en prenant la valeur principale de Cauchy par rapport à chaque coordonnée dans une carte convenable.

Dans le cas algébrique, on utilise le résultat rappelé de Hironaka pour se ramener au cas normal, et pour établir l'unicité, le fait que deux morphismes normalisants sont dominés par un troisième.

3.6. Soit ω une forme d-fermée de $\mathcal{J}$ ou de $\mathfrak{S}$, soit $T(\omega)$ le courant qui lui est associé dans 3.5 ; le courant $dT(\omega)$ a son support dans l'ensemble polaire S de ω ; on l'appelle le courant résidu de ω.

3.6.1. Lemme. (Robin)[7] Soient ω_x une forme élémentaire en $x \in X$; $z_1,\dots,z_n$ des coordonnées locales en x telles que l'ensemble polaire de ω_x soit contenu dans la réunion d'hyperplans de coordonnées.
Soit $I = (i_1,\dots,i_k) \subset [1,\dots,x]$, ou pour $dz_1 = dz_{i_1} \wedge \dots \wedge dz_{i_k}$; $z_I = z_{i_1} \dots z_{i_k}$, alors

$$\omega = \Psi + d\,\chi$$

où χ est élémentaire et où $\Psi = \lambda + \sum_{I \in \mathcal{P}(\{1,\dots,n\})} \frac{dz_I}{z_I} \wedge \Psi_I$ avec λ et Ψ_I C^∞ au voisinage de χ.

Grâce à ce lemme on établit une formule :

$$dT(\omega) = \text{Rés}\ \omega + dB$$

où $\text{supp}\, B \subset S$; $\text{Rés}\ \omega = dT(\Psi)$ est un courant à support dans S défini par intégration sur les composantes irréductibles de S de formes à coefficients localement sommables. Cela généralise la formule (7) de 3.1.

Dans le cas où ω a ses pôles simples sur une variété sans singularité, on trouve immédiatement $\omega = \frac{dz_1}{z_1} \wedge b + c$ où b et c sont C^∞ et

$$dT(\omega)[\varphi] = 2\pi i \int_S (b|S) \wedge (\varphi|S)\ ,$$

$(b|S)$ est la forme résidu de Leray.

Ces remarques donnent des indications sur le courant résidu dans le cas algébrique.

3.7. Le courant résidu définit une classe d'homologie et une classe de cohomologie dans X et dans S ; il y a lieu d'étudier sa relation avec les homomorphismes des suites exactes (5) et (6) .

3.8. M. HERRERA [4] a annoncé une construction de courant résidu d'une p-forme méromorphe qui semble voisine de la nôtre (elle utilise les résultats d'Hironaka).

3.9. Dans le cas algébrique, avec une forme ω de type déterminé, on peut résoudre un problème du type de Cousin : construction d'une forme semi-méromorphe connaissant son résidu.

4. Sur le théorème de Leray

4.1. G. ROBIN [7] a démontré le théorème de Leray dans le cas des formes localement élémentaires en utilisant le lemme 3.6.1 , un résultat classique de théorie des faisceaux et le lemme suivant :

4.1.1. Tout germe de forme semi-méromorphe fermée ω localement élémentaire est exacte si $\deg \omega > \dim_{\mathbb{C}} X$ et est cohomologue à un germe méromorphe sinon.

4.2. Le résultat ci-dessus est valide, sur une variété de Stein pour les formes méromorphes (G. Robin)

4.3. On rappelle le théorème de Grothendieck suivant dont la démonstration utilise le théorème d'Hironaka :

$$\mathcal{H}^q(\Omega^\bullet_S) \xrightarrow{\approx} R^q f_*(\mathbb{C}_{X \setminus S})$$

où $f : X \setminus S \to X$ est l'injection canonique et $\Omega^\bullet_S$ le faisceau des formes méromorphes sur X à ensemble polaire contenu dans S .

G. Robin établit le "théorème de Leray" <u>sans conditions sur les singularités</u> de S, mais aussi <u>sans conditions sur la multiplicité des pôles</u>, à l'aide du théorème de Grothendieck ci-dessus et du lemme 4.1.1.

5. <u>Résidus composés</u> (J. POLY) [6]

5.1. Soit X un espace topologique, $\mathcal{S} = (S_o, S_1, \ldots, S_n)$ une suite de $(n+1)$ fermés de X. $S = S_o \cup \ldots \cup S_n$; $s = S_o \cap \ldots \cap S_n$; on suppose $s \neq \emptyset$; on utilise la définition du résidu par la cohomologie locale ; une théorie parallèle est possible en théorie de l'homologie de Borel-Moore pour X localement compact. Pour simplifier l'exposé, on suppose $n = 1$. Au lieu de prendre $\mathbb{C}$ comme faisceau de coefficients, on considérera un faisceau $\mathcal{F}$ quelconque.

5.2. Résidu composé $\rho : H^*(X \setminus S, \mathcal{F}) \to H^*_s(X, \mathcal{F})$, c'est le composé des deux homomorphismes

$$H^*(X \setminus S, \mathcal{F}) \xrightarrow{\delta_o} H^*_{S_o \setminus S_1}(X, \mathcal{F}) \xrightarrow{\delta_1} H^*_s(X, \mathcal{F})$$

<u>Il s'agit de montrer que</u> ρ <u>change seulement de signe quand on inverse l'ordre de la suite</u> (S_o, S_1) ; (plus généralement ρ est <u>antisymétrique</u> par rapport à la suite des indices des S_k).

Pour cela, Poly utilise une suite exacte de Mayer Vietoris (suite (8)) et le diagramme commutatif suivant :

$$\begin{array}{ccccccccc}
\ldots \to H^*_s(X, \mathcal{F}) & \to & H^*_{S_o}(X, \mathcal{F}) & \to & H^*_{S_o \setminus S_1}(X, \mathcal{F}) & \xrightarrow{\delta_1} & H^*_s(X, \mathcal{F}) \to \ldots \\
\| & & \uparrow & & \uparrow j_o & & \| \\
\ldots \to H^*_s(X, \mathcal{F}) & \xrightarrow{\alpha} & H^*_{S_o}(X, \mathcal{F}) \oplus H^*_{S_1}(X, \mathcal{F}) & \xrightarrow{\beta} & H^*_S(X, \mathcal{F}) & \xrightarrow{\mu} & H^*_s(X, \mathcal{F}) \to \ldots
\end{array} \qquad (8)$$

α et β sont définis par

$\alpha' = i'_o - i'_1$; $\beta' = i''_o + i''_1$ dans lesquels

i'_o, i'_1 désignent les inclusions naturelles $\Gamma_s(X, \mathcal{F}^*) \to \Gamma_{S_o}(X, \mathcal{F}^*)$, $\Gamma_s(X, \mathcal{F}^*) \to \Gamma_{S_1}(X, \mathcal{F}^*)$

i''_o, i''_1 désignent les inclusions naturelles $\Gamma_{S_o}(X, \mathcal{F}^*) \to \Gamma_S(X, \mathcal{F}^*)$, $\Gamma_{S_1}(X, \mathcal{F}^*) \to \Gamma_S(X, \mathcal{F}^*)$

$\mathcal{F}^*$ étant la résolution flasque canonique du faisceau $\mathcal{F}$.

μ est l'homomorphisme de Mayer Vietoris ; le diagramme ci-dessus montre que $\mu = \delta_1 \circ j_o$.

On a, d'autre part le diagramme commutatif

$$\begin{array}{ccc} H^*(X \setminus S, \mathcal{F}) & \xrightarrow{\delta} & H^*_S(X, \mathcal{F}) \\ \delta_o \downarrow & \swarrow j_o & \downarrow \mu \\ H^*_{S_o \setminus S_1}(X, \mathcal{F}) & \xrightarrow{\delta_1} & H^*_s(X, \mathcal{F}) \end{array}$$

d'où : $\rho = \delta_1 - \delta_o = \mu\,\delta$

De là résulte facilement l'antisymétrie de μ et de δ .

5.3. La définition du résidu composé avait été donnée par G. Sorani en 1962 dans le cas où $X \setminus S$ et s sont des variétés topologiques. [8]